Ankur Avidra
Nitin Tenguria
Neeraj Nagayach

Técnicas de fabrico aditivo nas propriedades das ligas metálicas

Ankur Avidra
Nitin Tenguria
Neeraj Nagayach

Técnicas de fabrico aditivo nas propriedades das ligas metálicas

Influência dos parâmetros de fabrico aditivo nas propriedades da liga

ScienciaScripts

Cover image: www.ingimage.com

This book is a translation from the original published under ISBN 978-620-7-47530-8.

Publisher:
Sciencia Scripts
is a trademark of
Dodo Books Indian Ocean Ltd. and OmniScriptum S.R.L publishing group

120 High Road, East Finchley, London, N2 9ED, United Kingdom
Str. Armeneasca 28/1, office 1, Chisinau MD-2012, Republic of Moldova, Europe
Printed at: see last page
ISBN: 978-620-7-80246-3

Conteúdo

RECONHECIMENTO

Esta dissertação é o resultado da orientação e do apoio de várias pessoas no SIRTE, Bhopal, sem as quais todo o meu esforço teria sido inútil e infrutífero. Agradeço sinceramente a todos eles, por me terem ajudado a concluir a dissertação.

Expresso a minha sincera e profunda gratidão ao Chefe do Departamento e meu orientador, Dr. Nitin Tenguria, SIRT-E, Bhopal, pela sua inspiração, palavras de encorajamento e orientação incansável, demonstrando imenso interesse e apoio ao longo do meu trabalho de investigação. Expresso a minha gratidão ardente e sincera ao Dr. Vikas S. Pagey, Diretor, SIRTE, à Dra. Bhavana Ayachit, Dy. Neeraj Nagayach HOD, ME, SIRT-E e aos membros do corpo docente de Engenharia Mecânica pelo seu apoio contínuo e valioso em todas as fases da minha dissertação.

Por último, gostaria de dizer que estou em dívida para com os meus pais por tudo o que fizeram por mim. Tudo isto teria sido impossível sem o seu apoio constante. Agradeço também a Deus por ter sido bondoso comigo e por me ter conduzido ao longo desta jornada.

ANKUR AVIDRA

Número de registo 0501ME19MT04

RESUMO

A fusão selectiva a laser está a revolucionar as metodologias globais de fabrico, permitindo a criação de componentes complexos através de um meticuloso processo de fabrico aditivo camada a camada. No entanto, o impacto dos parâmetros do processo e das rápidas flutuações de temperatura na qualidade final dos componentes fabricados continua a ser pouco conhecido, especificamente no que diz respeito à relação processamento-estrutura-propriedades-desempenho, nomeadamente nas microestruturas dos componentes. Este estudo incide sobre o aço inoxidável SS316L, a superliga 718 à base de níquel e as ligas de alumínio AlSilOMg produzidas por fusão selectiva a laser, com o objetivo de desvendar a intrincada interação entre os parâmetros do processo, as propriedades mecânicas, a rugosidade da superfície e as características gerais dos componentes. Empregando o Algoritmo de Otimização Grasshopper (GOA), esta investigação procura melhorar as métricas de desempenho através da otimização dos parâmetros do processo. Utilizando uma abordagem multi-objetivo, o GOA visa maximizar a resistência à tração final e minimizar a rugosidade da superfície numa única configuração experimental. A validação dos resultados é realizada utilizando o software de fabrico aditivo Simufact, garantindo a fiabilidade e a precisão dos parâmetros de processo optimizados. Este estudo tem o potencial não só de aprofundar os nossos conhecimentos sobre a fusão selectiva a laser, mas também de fazer avançar as tecnologias de fabrico, oferecendo soluções optimizadas para a produção de componentes de alta qualidade em vários materiais.

Capítulo 01

Introdução

1.1 Fabrico aditivo

O fabrico aditivo, um conjunto de técnicas de produção que utiliza modelos digitais para construir objectos de forma aditiva [1][2], incorpora uma sinergia controlada por computador entre modelos sólidos e deposição de materiais [3]. Utilizando modelos CAD, estas máquinas são excelentes na produção de componentes sólidos e complexos, promovendo ambientes sem ferramentas que se traduzem frequentemente numa maior qualidade e eficiência. Definido como o "processo de união de materiais para fabricar objectos a partir de dados de modelos tridimensionais, normalmente camada sobre camada" [4], o fabrico aditivo permite a criação de produtos com desenhos geométricos complexos através de desenho assistido por computador [5]. Cada processo de fabrico aditivo varia, dependendo do material e das tecnologias das máquinas utilizadas. A diversidade reside na forma como as camadas se amalgamam para formar componentes, na metodologia operacional e nas escolhas de materiais [6]. Inicialmente utilizado para fins de prototipagem, o domínio em evolução do fabrico de aditivos metálicos ostenta agora a capacidade de fabricar geometrias estruturais intrincadas que outrora eram difíceis de produzir através de meios convencionais [7]. A indústria da aviação está na vanguarda da adoção da impressão 3D a nível mundial. Recentemente, este sector expandiu as aplicações do fabrico aditivo para incluir peças cruciais nos motores das aeronaves, bem como componentes interiores e do cockpit. Indústrias como a automóvel, a aeroespacial, a maquinaria pesada, a robótica e vários domínios de investigação e desenvolvimento dão prioridade à sinterização selectiva a laser e à impressão em pó metálico, sobretudo quando a qualidade da impressão é de extrema importância e os protótipos servem mais do que meras ajudas visuais. Estas tecnologias tornaram-se escolhas de eleição nestes sectores, ilustrando o seu papel indispensável na satisfação de exigências de qualidade rigorosas e na expansão dos limites da inovação.

1.2 Vantagens do fabrico aditivo

1.2.1 Não são necessárias ferramentas

O fabrico aditivo (AM) revoluciona os processos de fabrico ao eliminar a necessidade de gabaritos, acessórios ou ferramentas de produção dispendiosos, permitindo que os utilizadores iniciem a impressão conforme necessário. Enquanto os métodos de fabrico tradicionais, como a moldagem por injeção, podem incorrer em despesas substanciais, especialmente para moldes intrincados ou complexos, a AM elimina a necessidade de tais ferramentas dispendiosas. A beleza da AM reside na sua capacidade de fabricar peças sem necessitar de ferramentas dispendiosas para segurar ou fixar componentes durante o processo de criação. Esta vantagem económica remodela os paradigmas de produção, oferecendo uma opção mais acessível e economicamente viável para designs ou moldes complexos em comparação com as técnicas de fabrico convencionais.

1.2.2 Fácil de aprender (e utilizar)

A beleza de tudo isto é a abundância de informações prontamente disponíveis sobre o aproveitamento do fabrico aditivo e das impressoras 3D. Quer esteja a dominar o funcionamento do equipamento de AM ou a mergulhar no intrincado mundo do design CAD, existe uma grande quantidade de recursos de formação adequados à sua disposição. A acessibilidade de uma orientação abrangente garante que, independentemente da sua função - seja operar a maquinaria AM ou mergulhar nos meandros do design CAD - encontrará um amplo apoio e recursos para melhorar os seus conhecimentos. Esta acessibilidade promove um ambiente de aprendizagem que permite aos indivíduos explorar, inovar e contribuir para o cenário em constante evolução do fabrico de aditivos sem obstáculos.

1.2.3 Redução do desperdício de matérias-primas

Muitos métodos de fabrico tradicionais começam com matérias-primas de maiores dimensões que são posteriormente cortadas. No entanto, as porções de material removidas durante a fresagem não têm frequentemente qualquer valor económico prático. Isto resulta num desperdício considerável de matérias-primas nestes processos de fabrico subtractivos.

- **1.2.4 Personalização individualizada**

Uma vez que cada item impresso em 3D tem origem num modelo digital, a personalização é facilmente alcançável sem necessidade de reconfiguração. Esta capacidade é altamente vantajosa, especialmente nos cuidados de saúde e na medicina, uma vez que permite a criação de suportes e talas personalizados. Além disso, há uma investigação significativa em curso que explora a aplicação do fabrico aditivo na produção de fragmentos ósseos sintéticos.

- **1.2.5 Integração da conceção digital**

O aparecimento do desenho assistido por computador (CAD) substituiu o desenho 2D por configurações de desenho virtual 3D. No domínio do fabrico de aditivos, esta transição permite a conversão direta de desenhos 3D em produtos tangíveis. Atualmente, várias opções de software de design facilitam a impressão 3D, simplificando o processo de design através da automatização de tarefas como a integração de reforços internos em favo de mel ou andaimes externos.

1.2.6 Velocidade do protótipo à produção

No fabrico tradicional, a criação de produtos finais requer o desenvolvimento de ferramentas específicas. No entanto, com o fabrico aditivo, uma vez concluído o protótipo, as mesmas ferramentas podem ser aplicadas na produção. O fabrico tradicional envolve várias fases sequenciais no processo de produção, o que pode consumir muito tempo.

1.2.7 Produções de baixo volume

O fabrico aditivo é particularmente eficaz para a produção de pequenos lotes de produtos. Em contrapartida, os métodos de fabrico tradicionais incorrem frequentemente em custos de inventário e de ferramentas mais elevados, tornando a produção de baixo volume menos rentável. Este facto realça que mesmo a criação de um único artigo pode ser rentável através deste processo.

1.2.8 Fabrico distribuído

O fabrico aditivo elimina a necessidade de uma produção centralizada. A instalação de uma impressora no local onde o produto é necessário torna o processo simples. Este é um fator-chave que contribui para a adoção generalizada do fabrico aditivo, especialmente em cenários em que os métodos de distribuição tradicionais podem colocar dificuldades [8].

1.3 Tipos de fabrico aditivo

O comité ASTM F42-Additive Manufacturing, uma divisão da American Society for Testing and Materials (ASTM), categorizou as técnicas de AM em sete grupos principais, representados na Figura 1.1. A secção seguinte aprofunda o fornecimento de informações adicionais sobre os diversos métodos utilizados no fabrico de aditivos.

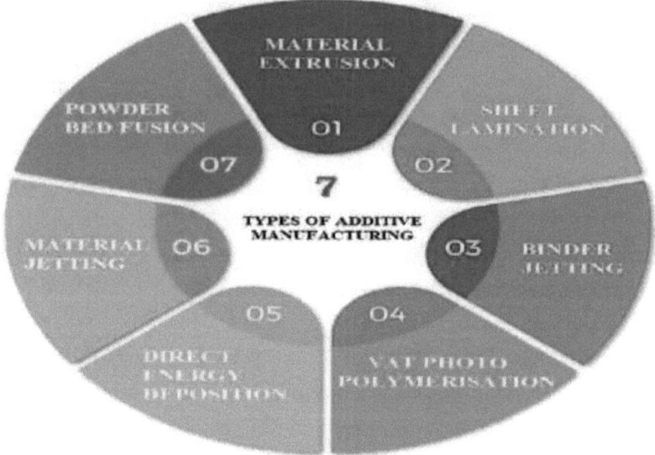

Figura 1.1 As sete categorias normalizadas de fabrico aditivo.

- **1.3.1 Fotopolimerização em cuba**

A resina líquida de fotopolímero da cuba é utilizada na construção do componente (ilustrado na Figura 1.2). São utilizados espelhos para guiar a luz ultravioleta para a cura de cada camada através da fotopolimerização. A fotopolimerização em cuba envolve a utilização de resina de fotopolímero fluida para criar o produto em camadas sequenciais. Durante este processo, as camadas sucessivas são solidificadas utilizando luz ultravioleta (UV) intensa, enquanto os suportes baixam gradualmente o objeto a ser formado. Como o método se baseia no fluido para moldar o objeto, o material em si não oferece suporte inerente durante a produção, sendo necessária a integração de estruturas de suporte sempre que possível. A fotopolimerização restaura as resinas, que solidificam com a exposição à luz [9]

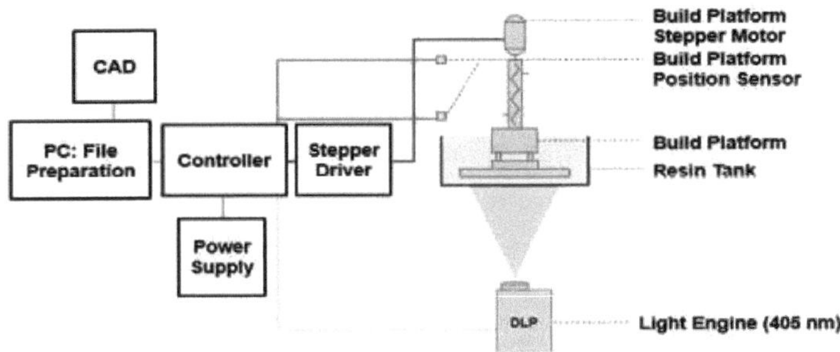

Figura 1.2 Técnica de polimerização em cuba

- ## 1.3.2 Laminação de folhas

Este método de fabrico aditivo envolve a utilização de folhas ou fitas de metal que são fundidas entre si através de soldadura por ultra-sons. No entanto, este processo conduz frequentemente à formação de excesso de metal, o que exige uma maquinação adicional controlada por computador para o remover. Ao empregar uma abordagem básica camada a camada, são criados produtos laminados, normalmente adequados para protótipos com estilo, mas não ideais para utilização funcional. Esta técnica funciona a temperaturas mais baixas, permitindo a elaboração de desenhos internos complexos. Consulte a Figura 1.3 para obter uma representação visual de como funciona o processo de laminação de chapas[10]

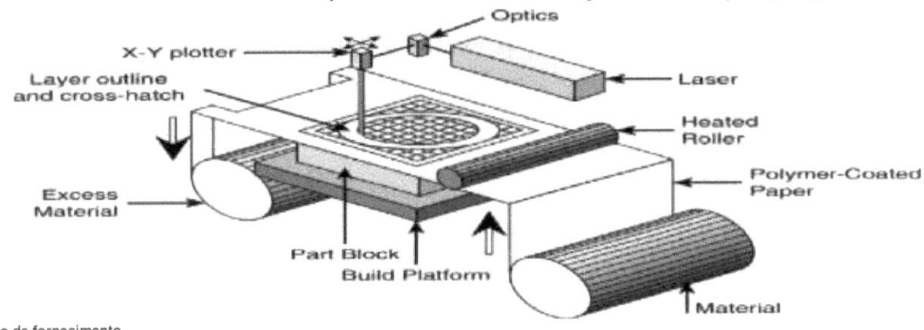

Figura 1.3 Técnica de laminação de folhas

- **1.3.3 Fusão em leito de pó**

A fusão em leito de pó, ilustrada na Figura 1.4, é um método de fabrico aditivo semelhante à fresagem, que constrói objectos adicionando material em vez de o cortar. Funciona com base num modelo 3D dividido em camadas separadas, constituindo a base desta abordagem. Para trabalhar com metais, é normalmente necessário um ambiente de vácuo. O processo envolve a distribuição de material em pó pelas camadas anteriores, com a ajuda de componentes como rolos ou cantos, ao mesmo tempo que é fornecido material fresco a partir de um recipiente ou espaço de armazenamento ao lado da cama. Camada a camada, o pó é sinterizado ou fundido durante a operação. Ao contrário de outros métodos, a sinterização por calor utiliza uma cabeça de impressão aquecida para fundir o material em pó, o que a distingue na sua técnica [11].

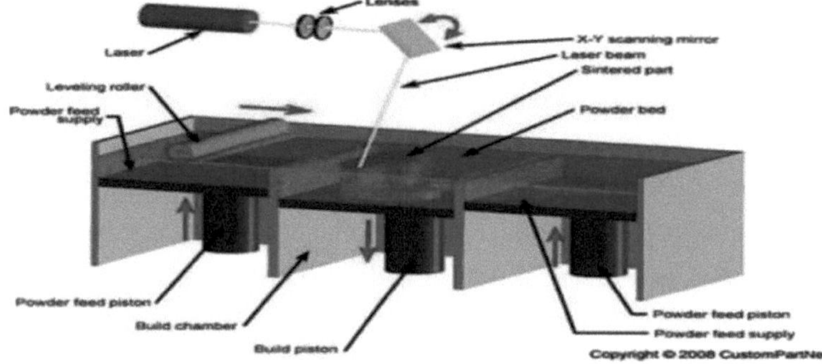

Figura 1.4 Técnicas de fusão em leito de pó!!!]

- **1.3.4 Deposição de energia dirigida**

Este processo de impressão, conhecido como Directed Energy Deposition (DED), é bastante complexo, uma vez que envolve tanto a adição como a remoção de material de uma substância em curso. Funciona através da deposição direta de metal, incluindo uma técnica designada por revestimento a laser 3D. A tecnologia Directed Energy Deposition (DED) permite a criação de peças através da fusão de materiais à medida que estes são colocados em camadas. Este método é aplicável a várias substâncias, como polímeros, cerâmicas e, principalmente, metais, muitas vezes referido como "deposição de metal". Utilizando um bocal montado num braço multi-eixo, o material liquefeito é depositado com precisão numa superfície pré-determinada, onde solidifica. O material é fundido utilizando um feixe de laser ou de electrões, controlado a partir de diferentes ângulos com a ajuda de máquinas pivotantes. A Figura 1.5 ilustra as técnicas de deposição por energia dirigida [12].

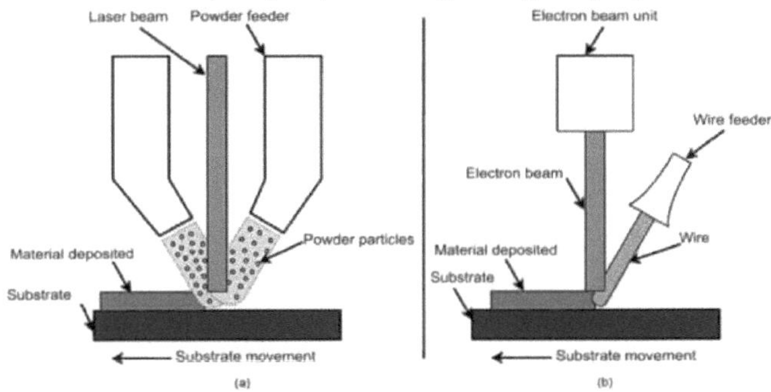

Esquemas de dois sistemas DED (A) utiliza laser juntamente com matéria-prima em pó e (B) utiliza feixe de electrões e matéria-prima em fio

- **1.3.5Correcção de ligantes**

O jato de aglutinante envolve a utilização de dois componentes principais: material em pó e um agente de ligação, conforme ilustrado na Figura 1.6. Normalmente, o componente de fabrico encontra-se na forma de pó, enquanto o aglutinante é uma substância líquida. Uma cabeça de impressão no interior da máquina move-se ao longo de eixos planos, reunindo e alternando camadas do material de impressão, do material e da substância aglutinante. Após cada camada, o objeto impresso é posicionado na sua base de suporte. Este processo permite a construção gradual do objeto através da solidificação das camadas pelo agente aglutinante, facilitando a criação de estruturas complexas e detalhadas [13

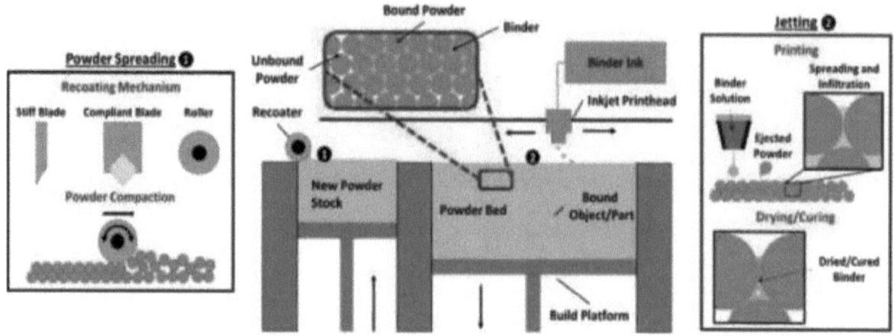

Figura 1.6 Técnica de jato de ligante [13]

- **1.3.6 Extrusão de materiais**

A modelação por deposição fundida (FDM), representada na Figura 1.7, é uma técnica comum na extrusão de materiais. Neste processo, o material é alimentado através de um bocal e depositado camada a camada. O bocal move-se horizontalmente à medida que cada nova camada é adicionada, enquanto uma plataforma se move verticalmente. A qualidade do modelo final é influenciada por vários factores, mas se for gerido de forma eficaz, este método é muito promissor e prático. A máquina recebe regularmente material sob a forma de bobinas, o que permite um funcionamento contínuo e um fornecimento consistente de material [14].

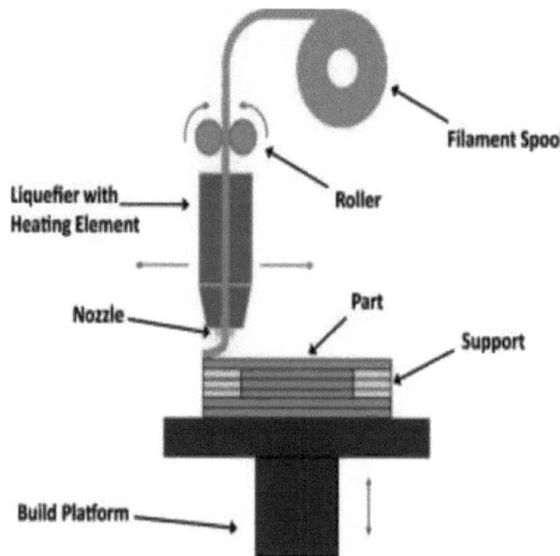

Figura 1.7 Técnica de extrusão de materiais [14]

- **1.3.7 Jato de materiais**

O jato de material, semelhante às impressoras de jato de tinta 2-D, fabrica objectos através do fluxo de material para uma plataforma de construção num processo contínuo ou a pedido. Este material é aplicado na base de construção de forma contínua ou conforme necessário, endurecendo à medida que é depositado camada a camada para formar o produto final. Um bocal desloca-se horizontalmente sobre a plataforma de fabrico, recolhendo e depositando o material. As máquinas variam nos seus métodos de gestão da acumulação de material, acabando por utilizar a luz para solidificar ou curar as camadas de material. No entanto, a variedade de materiais disponíveis para utilização é limitada, uma vez que as substâncias têm de estar sob a forma de gotículas. Os polímeros e as ceras, devido à sua tendência para formar gotículas e à sua natureza a granel, são normalmente os materiais preferidos para as técnicas de fabrico aditivo por jato de material, como se mostra na Figura 1.8 [15].

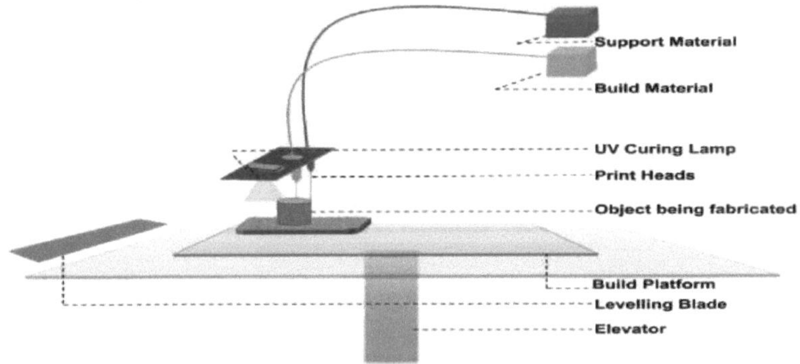

Figura 1.8 Técnica de jato de material [15]

- **1.4 Aplicação do fabrico aditivo**

Indústria aeroespacial: A sinterização e fusão a laser são utilizadas em aviões comerciais e militares para criar componentes especializados, como condutas de ar, acessórios e suportes que cumprem as especificações rigorosas do equipamento aeronáutico.

Fabrico: A fusão a laser proporciona um método económico para mercados especializados que exigem baixos volumes de produção.

Medicina: No domínio da medicina, onde a precisão é crucial, a sinterização a laser oferece várias alternativas para a criação de dispositivos médicos complexos que satisfazem as diversas necessidades dos consumidores e cumprem os diferentes requisitos legais em todas as regiões.

Prototipagem: A sinterização a laser permite a produção rápida de protótipos funcionais e de design, possibilitando testes funcionais imediatos e o controlo da aceitação do consumidor.

Ferramentas: Este método elimina a necessidade de múltiplos processos de maquinagem, como a maquinagem por descarga eléctrica, e permite modificações flexíveis na conceção da ferramenta, como a integração de canais de refrigeração convencionais, melhorando o desempenho da ferramenta[16].

- **1.5 Materiais de fabrico aditivo.**

No mundo do fabrico aditivo, a forma de uma peça é determinada simultaneamente com as propriedades do material. A composição química, o tamanho e a disposição das partículas nas matérias-primas, juntamente com os parâmetros do processo, influenciam significativamente as propriedades do componente final. Estas características incluem a resistência, a ductilidade, a porosidade e o acabamento superficial da peça acabada. Atualmente, as principais classes de materiais utilizados na impressão 3D abrangem uma série de substâncias.

- **1.5.1 Polímeros**

A estereolitografia é a tecnologia pioneira na impressão 3D, empregando a polimerização em cuba para curar a resina e produzir componentes de polímero. Ainda hoje, os polímeros continuam a ser uma classe de materiais amplamente utilizada na impressão 3D. Os sistemas de filamento utilizam normalmente termoplásticos como o ácido poliláctico (PLA) e o acrilonitrilo-butadieno-estireno (ABS), enquanto os polímeros de elevado desempenho, como a polieteretercetona (PEEK) e a polieteretercetona (PEKK), estão a ganhar popularidade. Os métodos de fusão em leito de pó incorporaram recentemente materiais como os nylons e o poliuretano termoplástico. Inicialmente utilizada para polímeros, a polimerização em cuba está agora a tornar-se disponível para vários outros processos de fabrico de aditivos. Os materiais poliméricos são normalmente oferecidos em filamentos sólidos, pellets, resina líquida ou pós.

- **1.5.2 Metais**

Entre os metais frequentemente utilizados na impressão 3D, encontram-se o "alumínio", o "titânio", o "aço inoxidável", o "Inconel" e o "cromo-cobalto". Apesar de historicamente ser um desafio, novas tecnologias como os lasers de luz azul tornaram viável a impressão 3D de cobre. Para metais que são reflectores, métodos alternativos como o jato de aglutinante podem ser mais eficazes. As formas habituais de metais utilizados na impressão 3D são o fio e o pó, embora também possam ser combinados com outros materiais para diversas aplicações.

- **1.5.3 Compósitos**

No domínio da impressão 3D, os materiais compósitos - misturando várias substâncias - estão a ganhar cada vez mais popularidade, abrindo portas a diversas possibilidades de fabrico de produtos. Com polímeros reforçados por fibras de carbono e de vidro trituradas, os fabricantes criam tudo, desde moldes de injeção a produtos de utilização final, oferecendo alternativas aos metais dispendiosos e aos plásticos tradicionais. Algumas impressoras 3D permitem a integração do reforço contínuo de fibras com a forma impressa, enquanto outras utilizam folhas ligadas de material de reforço dentro de camadas de polímero. Estes compósitos poliméricos podem ser suficientemente resistentes para substituir os metais, reduzindo significativamente o peso. Além disso, os compósitos de matriz metálica (MMCs) estão a surgir através da impressão 3D, envolvendo uma mistura de ligas metálicas com outros materiais, como a cerâmica, desbloqueando novas aplicações para esta classe de materiais.

- **1.5.4 Cerâmica**

A impressão de cerâmica utilizando sistemas baseados em laser coloca desafios devido às suas baixas taxas de absorção. Como alternativa, foram desenvolvidos métodos como a extrusão, o jato de material e a fotopolimerização para estes materiais. Em muitos casos, a impressão 3D permite a criação de uma pasta cerâmica ou de uma combinação de materiais para formar inicialmente um objeto verde, que pode depois ser submetido a sinterização - um processo semelhante à deposição de metal ligado mencionada anteriormente - resultando no produto cerâmico final [16].

- **1.6 Fabrico aditivo de metais**

A indústria do fabrico aditivo está a procurar ativamente técnicas inovadoras para criar peças metálicas que possam substituir os produtos fabricados tradicionalmente. Os avanços na tecnologia de impressão 3D levaram a um interesse crescente no fabrico aditivo de metais. Atualmente, muitos componentes podem ser produzidos utilizando métodos que empregam materiais como o alumínio, o titânio, o aço inoxidável, entre outros. No entanto, as limitações existentes na ciência dos materiais precisam de ser melhoradas para que o fabrico de aditivos metálicos atinja todo o seu potencial na era da Indústria 4.0. Esta tecnologia é categorizada em métodos "directos", em que o pó metálico derrete e solidifica totalmente para criar o item final, e métodos "indirectos", em que o pó derrete e solidifica parcialmente. Na técnica "indireta", é utilizado um aglutinante para unir as partículas de pó metálico, sendo necessário um pós-processamento para atingir a densidade desejada [17].

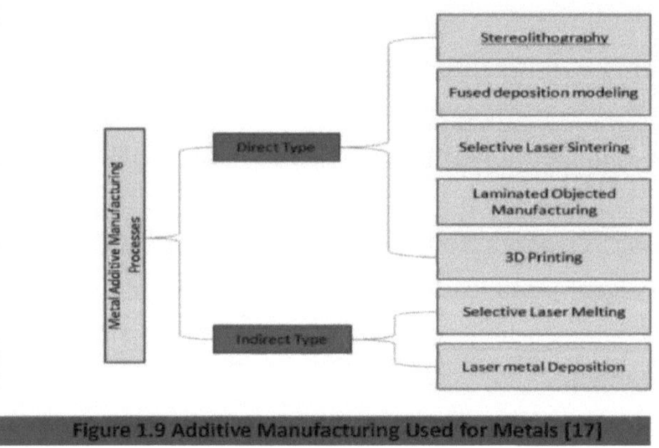

Figure 1.9 Additive Manufacturing Used for Metals [17]

Os métodos convencionais de fabrico de aditivos têm sido historicamente utilizados para criar componentes intrincados, de baixo volume e com formas complexas. Na produção comercial de peças metálicas de alta qualidade, a fusão em leito de pó e a deposição de energia dirigida são as técnicas de fabrico aditivo predominantes. A tecnologia laser selectiva permite o fabrico de geometrias complexas que são inatingíveis através de meios convencionais. No entanto, a exploração de diferentes variáveis de processo na fusão selectiva a laser é crucial devido a questões como tensões residuais, porosidade e outros defeitos induzidos pelo processo. A obtenção de uma microestrutura homogénea e de propriedades mecânicas desejáveis comparáveis aos métodos de fabrico tradicionais, como a fundição, continua a ser uma preocupação significativa. Em particular, no caso das superligas Inconel 718, amplamente utilizadas nas indústrias aeroespacial e de geração de energia, o fabrico aditivo por fusão selectiva a laser apresenta um interesse crescente. Embora a produção de estruturas densas a partir do Inconel 718 seja viável através da fusão selectiva a laser, é frequentemente necessário um tratamento térmico adicional para obter propriedades mecânicas adequadas. Por conseguinte, a compreensão da influência dos parâmetros de tratamento térmico nas propriedades mecânicas é um ponto-chave nos estudos actuais que visam elucidar os efeitos dos parâmetros do material nas propriedades microestruturais e mecânicas do IN718 tratado por fusão selectiva a laser [18].

- **1.7 Objetivo e âmbito de aplicação**

Um dos avanços notáveis da Indústria 4.0 é o fabrico de aditivos, uma tecnologia em rápida expansão. Apesar do seu imenso potencial, a adoção do fabrico aditivo pela indústria, em particular a fusão selectiva a laser, continua a ser relativamente limitada. Para promover a sua adoção generalizada em vários sectores, é necessária uma investigação aprofundada. Isto inclui estudos sobre materiais, diversos parâmetros de processo, a natureza anisotrópica e heterogénea inerente, juntamente com avanços nas tecnologias de impressão e pós-processamento e melhores ferramentas de conceção/simulação. A integração do fabrico aditivo com outras tecnologias da Indústria 4.0 pode criar novos cenários, contribuindo para uma maior sustentabilidade social e ambiental nos processos de produção. Esta tese tem como objetivo aprofundar o impacto dos parâmetros do processo, centrando-se especificamente na técnica de fusão em leito de pó como a fusão selectiva por laser, para compreender a sua influência nas propriedades dos materiais e preparar o caminho para uma utilização mais sustentável e eficaz deste método de fabrico inovador.

- **1.8 Apresentação da tese**

Esta tese é composta por sete capítulos, sendo a presente introdução o primeiro capítulo. Os capítulos subsequentes são descritos da seguinte forma: O Capítulo 2 inclui uma revisão exaustiva da literatura, abrangendo parâmetros fundamentais como Processos, Áreas de Aplicação, Materiais, Parâmetros do Processo, Simulação e Modelação. Este capítulo tem como objetivo identificar as lacunas existentes na literatura. Passando ao Capítulo 3, o foco passa a ser a declaração do problema e os objectivos da investigação derivados das lacunas identificadas e destacadas na revisão da literatura. O Capítulo 4 apresenta a metodologia pormenorizada utilizada ao longo desta investigação, fornecendo uma explicação exaustiva de cada fase e método utilizado. O Capítulo 5 aborda em seguida a experimentação prática efectuada com base nos materiais discutidos no Capítulo 4. Finalmente, a tese termina com um capítulo de conclusão que resume as principais conclusões e implicações retiradas da investigação.

Capítulo 02

Revisão da literatura

O facto estabelecido é que, no fabrico subtrativo, os parâmetros do processo obedecem a critérios normalizados baseados nas características mecânicas e nas necessidades de desempenho dos componentes. Particularmente nas aplicações aeroespaciais e médicas, a eficácia das peças depende das suas propriedades mecânicas. O aproveitamento do processo de fabrico aditivo é promissor para melhorar o desempenho dos componentes. Para formular a declaração do problema subsequente, foi efectuada uma revisão exaustiva da literatura. Esta revisão explorou especificamente os avanços no fabrico aditivo de metais, abrangendo aspectos como a produção de ligas metálicas através do processo, parâmetros do processo, diversas aplicações e modelos analíticos associados a esta técnica de fabrico aditivo. Este capítulo serve como uma panorâmica abrangente, apresentando as extensas conclusões derivadas da pesquisa bibliográfica aprofundada efectuada.

Os recursos mencionados foram categorizados com base nos seguintes parâmetros: -

> PROCESSOS
> DOMÍNIOS DE APLICAÇÃO
> MATERIAIS
> PROCESSO DE PARÂMETROS
> SIMULAÇÃO E MODELAÇÃO

A prototipagem rápida (PR), com origem nos anos 80, revolucionou a criação de protótipos tridimensionais a partir de desenhos assistidos por computador, marcando o início de vários métodos de fabrico aditivo nos últimos 35 anos. Estas técnicas oferecem vantagens atraentes, incluindo capacidades geométricas versáteis, menor envolvimento humano e ciclos de conceção mais rápidos. À medida que o fabrico aditivo ganhou força, muitas indústrias abraçaram eficazmente o seu potencial.

Uma investigação notável de K. Satish Prakash et.al. investigou o estado atual do fabrico aditivo, explorando os seus processos, materiais e diversas aplicações, com o objetivo de melhorar a sua utilização em todas as indústrias [19]. Outro estudo significativo realizado por Dirk Herzog et.al. analisou a correlação entre processos, microestruturas e propriedades dos materiais em três métodos distintos de fabrico aditivo, centrando-se particularmente em componentes metálicos. A sua investigação destacou as estruturas de grão únicas formadas devido a ciclos térmicos complexos e ao arrefecimento rápido, realçando a forma como estas estruturas afectam as características do material sob diferentes condições de tensão [20]. Estes estudos contribuem coletivamente para uma compreensão mais profunda dos processos de fabrico aditivo e das microestruturas, essencial para o avanço das suas aplicações em todas as indústrias.

O fabrico aditivo representa um processo complexo mas promissor que coloca desafios na previsão do comportamento dos componentes. Para melhorar as suas aplicações, é necessária uma compreensão profunda das complexidades do processo e da microestrutura. A adoção do fabrico aditivo em ambientes industriais depende da sua capacidade de traduzir as vantagens do design em produtos funcionais. Explorações científicas efectuadas por Syed A.M. Tofailet.al. analisaram os desafios, considerando a aceitação do mercado e as oportunidades [21], enquanto Tuan D. Ngo et.al. examinaram a formação de vazios, o comportamento anisotrópico e o potencial da impressão 3D [22]. As indústrias procuram materiais com qualidades específicas, como a força, a resistência à fadiga e a flexibilidade de conceção, levando à evolução dos conceitos multimateriais. Amit Bandyopadhyayet.al. discutiram as vantagens e os desafios das estruturas multimateriais na impressão 3D [23]. O fabrico aditivo de metais, apesar da sua complexidade, demonstra um potencial revolucionário em indústrias como a aeroespacial e a biomédica. Y. Koket.al. e Yi Zhang et.al. exploraram a anisotropia, a heterogeneidade e os últimos avanços no fabrico de aditivos metálicos [24][25]. Com a sua capacidade de produzir estruturas complexas, em particular no sector aeroespacial e em diversos sectores, o fabrico aditivo de metais está a ganhar aceitação, afirmando o seu papel fundamental em várias indústrias. O fabrico aditivo tem testemunhado um imenso potencial, em particular nos implantes médicos, mas questões científicas e tecnológicas impedem a sua utilização comercial generalizada. Os defeitos metalúrgicos, incluindo a anisotropia mecânica e a tensão residual, prevalecem nos componentes fabricados aditivamente, exigindo uma resolução meticulosa para melhorar a qualidade do produto. T. DebRoy analisou extensivamente estes factores, centrando-se nos processos, nas complexidades estruturais e nas propriedades das peças [26]. A compreensão da metalurgia e da metodologia de fabrico aditivo é fundamental para melhorar a qualidade do produto final. W. J. Sameset.al. concentrou-se nas características mecânicas, defeitos de processamento e processos de solidificação, avaliando os pontos fortes e fracos de várias técnicas de fabrico aditivo de metais [27]. O custo e a complexidade da produção de peças metálicas de forma aditiva são mais elevados devido às temperaturas elevadas, à produção de pó e às despesas com equipamento. Os desafios persistem, obrigando os investigadores e os fabricantes a debruçarem-se sobre a avaliação da qualidade dos componentes, em especial os produzidos utilizando a tecnologia de leito de pó, analisando o impacto de diversos parâmetros do processo [28]. A fusão em leito de pó enfrenta desafios em termos de repetibilidade e reprodutibilidade em comparação com os métodos convencionais. L. Dowling et.al. exploraram estas questões, salientando os desafios generalizados em matéria de repetibilidade nas tecnologias de fabrico de aditivos. A compreensão das fases de pré-processamento e pós-processamento é vital para melhorar a repetibilidade do produto, centrando-se em componentes-chave como o pós-processamento, as propriedades do laser e a qualidade do pó para abordar potenciais variáveis que afectam a repetibilidade [29]. Estas investigações sublinham a necessidade crítica de resolver os desafios científicos e simplificar o processo de fabrico de aditivos para uma adoção industrial mais ampla.

Tabela 2.1: Resumo dos diferentes processos de fabrico aditivo em função do estado do material de base e das aplicações [30]

Processo	Estado da matéria-prima Material	Materiais adequados	Aplicações
SLA	Líquido	Resinas de cura por UV, acrílico de cura	Protótipo

		por UV Plástico	
FDM	Filamento	Termoplásticos Polímeros, cera	Protótipo, molde de fundição
SLS	Pó	Termoplástico, pó metálico, pó cerâmico	Ferramenta, molde de fundição, peças funcionais
FUSÃO SELECTIVA DE LASERS	Pó	Metal	Ferramentas, peças funcionais
EBM	Pó	Metal	Ferramentas, peças funcionais

A importância da qualidade do pó no fabrico de aditivos, em particular nas técnicas de fusão em leito de pó, tem um impacto significativo na eficiência e nas características do produto final. Embora a relação entre as propriedades do pó e as propriedades das peças seja reconhecida, continua a ser pouco conhecida. A investigação de Silvia Vocket.al. destacou o comportamento do pó de várias fontes e a sua influência em diferentes métodos de fabrico e atributos das peças [30]. ShubhavardhanRamadurgaNarasimharajuet.al. abordou questões relacionadas com a fusão em leito de pó a laser, destacando a informação limitada sobre o processamento e as correlações insuficientes entre os parâmetros do processo e as medidas de desempenho, o que dificulta as aplicações industriais [31]. Neste domínio, a fusão selectiva a laser destaca-se como uma técnica promissora para metais e ligas. C. Y. Yap et.al. estudaram os fenómenos físicos da fusão selectiva a laser, centrando-se em materiais como metais, cerâmicas e compósitos [32], enquanto Balasubramanian-Nagarajan se debruçou sobre as perspectivas futuras da fusão selectiva a laser, concentrando-se especificamente no fabrico de peças em microescala [33]. A fusão selectiva a laser, à semelhança de outros métodos de fabrico aditivo, oferece vantagens como a modelação quase líquida e um pós-processamento mínimo, encontrando aplicações em diversas indústrias. Konda

GokuldossPrashanth explorou a fusão selectiva a laser, centrando-se em categorias de materiais como ligas de alumínio, ligas de aço e superligas, com o objetivo de melhorar a qualidade do produto através de correlações material-propriedade [34]. Em particular, Erhard Brandlet.al. e Xihe Liu et.al. analisaram as superfícies fracturadas, a fadiga e a microestrutura da liga AISilOMg fabricada através da fusão selectiva a laser, sublinhando o impacto do tratamento pós-aquecimento e revelando zonas microestruturais distintas em toda a poça de fusão, respetivamente [35][36]. A investigação abrangente destes estudos sublinha a necessidade de compreender os comportamentos dos materiais e as complexidades do processamento no fabrico aditivo para melhorar a qualidade dos produtos e expandir as aplicações industriais.

Tabela 2.2: Ligas utilizadas no fabrico de aditivos metálicos com a área de aplicação [36]

XIX 'Ligas Aplicação	Liga de alumínio	Aço inoxidável	Liga de titânio	Super liga de níquel
Aeroespacial	J	J	J	J
Automóvel	J	J	J	
Marinha	J	J	J	J
Alta temperatura		J	J	J
Médico		J	J	
Ferramentas e moldes	J	J		
Produtos de consumo	J	J		

Várias ligas de alumínio são utilizadas no processo de fusão selectiva a laser (SLM), o que leva a estudos detalhados para compreender as suas microestruturas e características mecânicas. Jing Li et.al. exploraram a forma como a alteração da espessura da camada influencia o estado de solidificação e o historial térmico da liga de alumínio Al-5Si-lCu-Mg produzida através de fabrico aditivo a laser. As suas conclusões revelaram que as alterações na espessura da camada têm impacto nas microestruturas e nas propriedades mecânicas da liga, constituindo uma via potencial para o controlo do processo [37]. Nomeadamente, a porosidade é uma preocupação crítica nas peças produzidas por SLM. Nesma T. Aboulkhairaet.al. investigaram métodos para reduzir a porosidade em peças processadas por fusão selectiva a laser, analisando vários parâmetros com o objetivo de obter peças de liga AISilOMg de maior densidade [38]. Além disso, Zhichao Dong et.al. concentraram-se no efeito do tamanho nas microestruturas e nas propriedades mecânicas das amostras de AlSilOMg. Eles descobriram que a microestrutura do AlSilOMg processado por SLM varia com o tamanho da construção, observando estruturas de grãos distintas em amostras de diferentes tamanhos [39]. Estes estudos sublinham a importância de compreender e otimizar vários parâmetros no processo de fusão selectiva a laser para melhorar a qualidade e as características dos componentes de ligas de alumínio.

Tabela 2.3: Breve resumo dos metais com o seu processo adequado e as suas utilizações [29]

Materiais	Diferentes tipos de materiais	Processo adequado	Aplicação
Ligas de alumínio	AlSilOMg	SLM,EBM	Aeroespacial, automóvel
	AlSi20Mg	SLM	
	Al MglSi cu	LBM	
	Alumínio 4047	SLM	
	Al-sc-Mg	SLM-LBM	
Liga de titânio	Ti6Al4V	SLM-EBM	Aeroespacial, médico, automóvel
	Ti6Al4V ELI	LBM	
	Ti-65Al-IV-2Zr	SLM	
Aço inoxidável	SS316	SLM	Aeroespacial, médico, automóvel, ferramentas e moldes
	H13	SLM	
	Aço maraging	SLM	
Super liga de níquel	IN625	SLS,SLM	Aeroespacial e marítimo

No domínio da biomedicina, a aplicação da fusão selectiva a laser para a produção de materiais biocompatíveis tem vindo a ganhar destaque. Numerosos estudos, particularmente os realizados por investigadores como Mohd. Javaid et al., exploraram extensivamente o papel versátil do fabrico aditivo na abordagem dos desafios médicos, mostrando as suas potenciais utilizações em biomateriais de titânio e aço inoxidável [40]. A análise exaustiva de Abid Haleem sublinha os pontos fortes fundamentais do fabrico aditivo na cardiologia, em particular no fabrico de componentes de coração artificial específicos para cada doente, reforçando a precisão do diagnóstico, a redução do risco e o planeamento pré-operatório simplificado [41]. Adicionalmente, os esforços de investigação de C. Emmelmannet.al. e Li Zhao et.al. centraram-se no pormenor intrincado de implantes médicos metálicos, dando ênfase a modelos precisos com propriedades críticas como a precisão da superfície, a porosidade e os aspectos mecânicos [42][43]. Investigações sobre Ti-6Al-4V por B. Dutta et.al. e estudos de microestrutura da liga TiAl6V4 por S. Leuderset.al. revelaram conhecimentos sobre as suas propriedades mecânicas e correlações de defeitos, vitais para o sucesso dos implantes médicos [44][45]. O estudo comparativo de Shunyu Liu et.al. realça a adaptabilidade do fabrico aditivo na produção de peças médicas com designs complexos, enfatizando a sua aplicação personalizada no domínio médico [46]. Em particular, os estudos abordam questões cruciais como a tensão residual e a porosidade em peças fabricadas por fusão selectiva a laser, com o objetivo de otimizar a densificação do material para aplicações biomédicas específicas. As Tabelas 2.4 e 2.5 compilam um espetro de aplicações médicas e ligas metálicas, reflectindo a extensa exploração e aplicação do fabrico aditivo na inovação dos cuidados de saúde [47]

Quadro 2.4: Aplicações médicas com vantagens específicas do fabrico aditivo [47]

Sr.No.	Aplicação médica	Vantagens da produção aditiva
1	Planeamento cirúrgico	O fabrico aditivo revolucionou o planeamento cirúrgico ao criar modelos específicos adaptados a cada doente. Estes modelos permitem aos médicos examinar minuciosamente a estrutura óssea do doente antes da cirurgia, oferecendo informações valiosas que reduzem significativamente o tempo, os custos e os riscos da operação. Esta abordagem também permite aos cirurgiões antecipar e preparar-se para potenciais complicações cirúrgicas, melhorando os resultados cirúrgicos globais.
2	Educação médica	O fabrico aditivo desempenha um papel vital na melhoria da nossa compreensão e visualização das estruturas internas e externas do corpo humano. Estas tecnologias são amplamente utilizadas na educação médica, servindo como ferramentas inestimáveis para o ensino e a realização de investigação. Através da criação de modelos anatómicos detalhados, o fabrico aditivo permite aos estudantes e investigadores obter uma compreensão abrangente e prática da anatomia humana, contribuindo significativamente para os avanços no conhecimento e na aprendizagem médica.
3	Desenho de implante	A utilização do fabrico aditivo permite a produção de implantes

	personalizado	personalizados que se adaptam perfeitamente às necessidades do paciente, garantindo conforto e rentabilidade. Além disso, esta tecnologia permite a criação rápida de formas intrincadas e complexas, oferecendo soluções inovadoras de forma rápida.
4	Instrumento e desenvolvimento de equipamentos para o sector médico	O fabrico aditivo desempenha um papel crucial na produção de vários instrumentos e equipamentos médicos, abrangendo uma vasta gama desde ferramentas cirúrgicas a dispositivos dentários e aparelhos auditivos. Este método inovador permite a criação destes artigos médicos essenciais, demonstrando a sua versatilidade na satisfação das diversas necessidades das aplicações de cuidados de saúde.

Tabela 2.5: Diferentes ligas metálicas com os seus efeitos biomédicos Aplicações[47]

Material	Utilização
Ligas de aço	Fixação de fracturas, stents, instrumentos cirúrgicos
Ligas de cobalto-crómio	Substituição de ossos e articulações, implantes dentários, restaurações dentárias, válvulas cardíacas
Ligas de níquel-titânio	Placas ósseas, stents, fios ortodônticos
Ligas de titânio	Substituição de ossos e articulações, fixação de fracturas, implantes dentários, encapsulamento de pacemakers
Ligas de ouro	Restaurações dentárias

Tabela 2.6: Breve comparação categórica de diferentes fusões em leito de pó (PBF) no que respeita aos parâmetros do processo [56]

Processo Parâmetro	PBF baseado em laser	PBF à base de feixes de electrões	Deposição de energia dirigida com base em laser
Construir envelopes	Limitada	Grande limitado	Grande e flexível
Tamanho do feixe	Pequeno, 0,1-0,4 mm	Pequeno, 0,3-lmm	Grande, pode variar de 24 mm
Espessura da camada	Pequeno, 50-100 *pm*	Pequeno,100jUm	Grande, 500-1000jUm
Tratamento térmico	É necessário aliviar o stress, preferível HIP'ing	Não é necessário aliviar o stress, o HIP pode ou não ser efectuado	É necessário aliviar o stress, preferível HIP'ing
Acabamento da superfície	Muito bom 9-11 *pm*	Bom Ra 25-34 *pm*	Grosso, 150-300mm, depende do tamanho da viga
Capacidade de	A geometria complexa é possível	A geometria complexa é possível com uma	Geometria relativamente mais simples com menor

construção	com uma resolução muito elevada.	boa resolução.	resolução para canais ocos, etc.
	resoluções de canais		
Remanufacturação	Possível apenas em aplicações limitadas (é necessário o plano horizontal para iniciar o refabrico)	Não é possível	Possível (capaz de adicionar metal em superfícies 3D numa configuração de 5+1 eixos)

S.G.R. Brown e a sua equipa realizaram uma investigação sobre a forma como a força de um laser afecta a densidade do aço inoxidável 316L quando utilizado na fusão selectiva por laser. Estudaram a forma como a variação da distância entre os pontos e o tempo de exposição afecta a porosidade, a densidade, a microestrutura, a dureza e a qualidade da superfície do material. As suas conclusões destacaram que a porosidade total é significativamente afetada pela energia do laser. Quando a energia do laser é baixa, existe uma quantidade máxima de porosidade. À medida que a energia aumenta, a porosidade diminui, mas volta a aumentar com níveis de energia mais elevados. Curiosamente, descobriram que a rugosidade da superfície é mais afetada pela distância entre pontos do que pelo tempo de exposição. O aumento da distância entre os pontos conduziu a uma maior rugosidade da superfície. Além disso, observaram que o ajuste da densidade de energia do laser permite a produção de peças sólidas [48]. Da mesma forma, Wakshum M. Tucho e colegas realizaram uma investigação relacionada com a SS316L, concentrando-se na observação do impacto do processo na porosidade do material [49].lEm várias aplicações, especialmente as que envolvem altas temperaturas que podem derreter materiais comuns, surge a procura de ligas metálicas com excecional resistência ao calor. Estas ligas especializadas, compostas por metais e elementos seleccionados, apresentam uma elevada resistência ao calor, sendo amplamente utilizadas na indústria aeroespacial, na defesa e noutros ambientes de alta temperatura. Os cientistas, investigadores e indústrias estão a integrar ativamente processos de fusão selectiva a laser com superligas para melhorar a qualidade dos produtos. Estudos, como o de Duyao Zhang et.al., aprofundam a relação entre

composições, processos de fabrico, microestruturas e propriedades de várias ligas, incluindo ligas de magnésio e compósitos. Esta investigação resume as estratégias para a criação e otimização de novos materiais de fabrico aditivo de metais, sendo as ligas à base de titânio, ferro, alumínio e níquel as mais extensivamente investigadas para o fabrico aditivo por fusão [50]. Nomeadamente, as ligas de níquel, conhecidas pela sua resistência à corrosão e força mecânica, são significativamente utilizadas na indústria aeroespacial e na aviação. Exemplos como o Hastelloy-C-276, o Inconel HX, o Inconel 718 e o Inonel625 são superligas à base de níquel frequentemente utilizadas em aplicações a altas temperaturas. Entretanto, estudos de investigadores como Fan Zhang et.al. exploram a segregação elementar observada em componentes fabricados por aditivos, revelando como o tratamento térmico de alívio de tensões pode induzir rapidamente fases indesejadas em comparação com as ligas forjadas tradicionais [51]. Estes resultados realçam o papel crítico do tratamento térmico e das técnicas de pós-processamento na obtenção das propriedades desejadas do material. Outro estudo realizado por V.A. Popovich et.al. sobre ligas Inconel criadas por fusão selectiva a laser revelou melhorias notáveis nas propriedades mecânicas devido a ajustamentos do processo e ao tratamento térmico pós-processo, com a prensagem isostática a quente (HIP) a aperfeiçoar ainda mais a conceção microestrutural. Os resultados da investigação sublinham o potencial da técnica de fusão selectiva a laser para produzir componentes com propriedades mecânicas superiores às do material Inconel normal [52]. Kangbo Yuan et.al. realizaram ensaios de compressão em amostras feitas de Inconel 718, examinando como os factores de produção e os tratamentos térmicos afectavam as suas microestruturas. Utilizaram microscópios ópticos e electrónicos de varrimento para estudar as microestruturas iniciais dos materiais e as características de falha [53]. Do mesmo modo, Wakshum M. Tucho e a sua equipa avaliaram amostras de Inconel 718 criadas através de fusão selectiva a laser e, em seguida, trataram esses espécimes com diferentes tempos de retenção de calor para avaliar a microestrutura e a segregação do material nos estados tratado termicamente e impresso [54]. Ao investigar a superliga IN718 fabricada através de fabrico aditivo por fusão selectiva a laser, R.J. Vikram et al. também modificaram os tratamentos térmicos pós-AM. Identificaram propriedades dendríticas e celulares na microestrutura da IN718 fabricada aditivamente, notando uma heterogeneidade regional substancial ao longo e através do plano de construção [55]. Estes estudos exaustivos analisam diferentes aspectos das características e do comportamento do material em diferentes condições de produção, contribuindo com informações valiosas para melhorar a qualidade e o desempenho destas ligas para aplicações específicas. Um controlo preciso e meticuloso de todo o processo de fabrico é crucial devido à multiplicidade de variáveis envolvidas, particularmente nos procedimentos que utilizam um feixe laser para fundir pó metálico. Este artigo apresenta um resumo exaustivo que detalha a forma como estas variáveis afectam as características de tração e a estrutura dos materiais produzidos. Quando o fabrico aditivo é executado com precisão, as amostras de aço fabricadas através da fusão selectiva a laser apresentam geralmente qualidades de tração superiores às dos métodos de produção convencionais. No entanto, a fusão selectiva a laser enfrenta desafios significativos, uma vez que a qualidade do produto final é influenciada por mais de 50 variáveis de entrada diferentes do processo. A compreensão dos efeitos das qualidades do pó de alimentação acrescenta uma outra camada de complexidade. Zhuqing Wang e colegas analisaram a forma como as variáveis de processamento afectam as propriedades de tração e a microestrutura do aço inoxidável austenítico. As principais variáveis do processo de fabrico aditivo, como a espessura da camada, o espaçamento entre as hachuras, a potência do laser, o tempo de exposição e outras, incluindo a taxa de deposição, a potência do feixe, o ambiente de construção e a temperatura de processamento, têm um impacto significativo na microestrutura e nas propriedades mecânicas dos componentes produzidos. A Tabela 2.6 apresenta uma panorâmica comparativa de vários processos de fabrico aditivo relativamente a diferentes parâmetros de processo [56]. Esta visão detalhada sublinha a natureza intrincada dos processos de fabrico aditivo e realça a necessidade crítica de um controlo preciso e da compreensão de múltiplas variáveis para garantir uma qualidade e um desempenho óptimos dos produtos finais.

Ahmed H. Maamoun e colegas observaram que parâmetros específicos do processo de fusão selectiva a laser influenciavam grandemente a microestrutura e as características mecânicas das ligas Al6061 e AlSilOMg. Descobriram que a otimização destes parâmetros de fusão selectiva a laser ajudava a eliminar falhas internas na microestrutura [57]. Apesar de as impressoras 3D já existirem há algum tempo, a fusão selectiva a laser está agora a ganhar força rapidamente. As definições utilizadas durante o processamento têm um impacto significativo nos indicadores de qualidade da densidade e da rugosidade da superfície das peças fabricadas. No entanto, há pouca investigação disponível na literatura sobre o processo de otimização na fusão selectiva a laser para obter simultaneamente uma rugosidade superficial baixa e uma densidade relativa elevada. Yong Deng e a sua equipa utilizaram a metodologia de superfície de resposta para analisar a forma como vários factores do processo, como a velocidade de varrimento, o espaço da escotilha e a potência do laser, afectavam a densidade e a rugosidade da superfície de peças fabricadas em aço inoxidável 316L utilizando a fusão selectiva a laser. Estabeleceram uma relação estatística entre a qualidade de fabrico e os factores de processamento, propondo uma técnica de otimização interactiva cruzada que considera tanto a rugosidade da superfície como a densidade. Os seus resultados experimentais revelaram que as definições de processamento influenciaram de forma semelhante a densidade e a rugosidade da superfície, com a velocidade de varrimento e a potência do laser a terem um impacto significativo no objetivo de qualidade. Nesta nova era, a modelação e a simulação desempenharão um papel fundamental na melhoria dos procedimentos tradicionais, contribuindo para a melhoria da qualidade dos componentes finais. Estas ferramentas facilitam iterações rápidas do projeto, encurtando o ciclo de qualificação das peças fabricadas aditivamente e ajudando a aprofundar a compreensão dos processos físicos subjacentes [58].

Muitos investigadores estão ativamente empenhados no desenvolvimento de modelos e simulações para componentes fabricados por fusão selectiva a laser. Mirkoohi propôs um modelo analítico baseado na física que considera as distribuições de temperatura em cada camada, juntamente com a influência da "sensibilidade à temperatura das propriedades dos materiais" e do "calor latente" durante os processos de fabrico aditivo de metais [59]. Estes modelos são fundamentais para prever o impacto dos parâmetros do processo nas propriedades dos componentes finais produzidos por fabrico aditivo. Para este efeito, são utilizados vários softwares de modelação e simulação, como se destaca na Tabela 2.7. Além disso, a Tabela 2.8 descreve a relação entre as variáveis do processo e as características de desempenho resultantes, ajudando a compreender melhor o processo de fabrico.

Tabela 2.7: Métodos/Modelos numéricos e suas aplicações [58]

N.º Sr.	Modelos	Aplicações
1	Elemento discreto (DE)	Geração de leito de pó
2	Elemento finito (FE)	Propriedades mecânicas
3	Campo de fase (PF)	Evolução da microestrutura
4	Método de Taguchi	DOE

Quadro 2.8: Ferramentas/modelos numéricos e respectivas plataformas comerciais [58]

N.º Sr.	Modelos	Aplicações
1	Elemento discreto (DE)	EDEM
2	Elemento finito (FE)	ANSYS, Simufact
3	Campo de fase (PF)	CALPHAD
4	Método de Taguchi	Mini separador

H. Bikas e colegas efectuaram uma análise de vários métodos de modelização utilizados no fabrico aditivo, esclarecendo as lacunas de investigação e delineando os mecanismos de funcionamento dos processos de fabrico aditivo acessíveis [60]. O fabrico aditivo está a ganhar rapidamente terreno em vários sectores industriais devido à sua flexibilidade de conceção e ao seu impacto ambiental positivo, transformando eficazmente os ficheiros de conceção em produtos acabados. Para a fusão selectiva a laser, foram utilizadas várias técnicas de modelização centradas na análise mecânica, térmica e da poça de fusão. Yang Du e colaboradores, por exemplo, desenvolveram um modelo que utiliza o método dos elementos finitos para estimar o campo de temperatura durante o processo de fusão selectiva a laser para Al SilOMg, abordando particularmente as questões de comportamento térmico [61].

2.1 Resumo da revisão da literatura

- A literatura existente demonstra uma multiplicidade de estudos em curso centrados no processo de fabrico aditivo e nos seus parâmetros. Estes estudos concentram-se particularmente em materiais pertencentes à categoria do aço, englobando SS304 e SS410, juntamente com materiais não ferrosos como as ligas de titânio, tais como Ti- 6Al-4V. Adicionalmente, existem investigações que envolvem algumas ligas de alumínio amplamente utilizadas em várias indústrias.
- Além disso, as observações sugerem que, entre o conjunto de processos de fabrico aditivo, a fusão selectiva a laser se destaca por ser particularmente adequada para o manuseamento de ligas de alumínio, aço e níquel.
- Foi efectuada uma exploração limitada de graus específicos de ligas metálicas produzidas através do fabrico aditivo para aplicações nas indústrias aeroespacial, médica e várias outras.
- Observou-se que as ligas metálicas fabricadas através do fabrico aditivo têm algumas desvantagens, tais como diferenças na sua estrutura e propriedades mecânicas, conhecidas como anisotropia e variabilidade.

É crucial ultrapassar estes constrangimentos, especialmente nos domínios automóvel, aeroespacial e médico. Há uma necessidade significativa de aprofundar as ligações entre as variáveis do processo, as microestruturas e as características mecânicas através de abordagens analíticas e experimentais.

Capítulo 03

Objetivo

3.1 Declaração do problema

Investigação de ligas metálicas fabricadas por fabrico aditivo.

3.2 Objectivos do estudo

- O ensaio das características mecânicas da liga de alumínio AISilOMg, da liga de aço inoxidável SS316L e das ligas de níquel IN718, produzidas por fusão selectiva por laser, é essencial para a sua utilização prevista nos sectores aeroespacial, automóvel e médico.
- A exploração da relação entre os parâmetros do processo e as características mecânicas, utilizando métodos analíticos e experimentais, é crucial para compreender o impacto dos diferentes factores de fabrico nas propriedades finais dos materiais.

Capítulo 04

Metodologia

Esta secção apresenta uma visão global das fases de investigação realizadas. A revisão da literatura, uma etapa fundamental em qualquer projeto de investigação, foi amplamente abordada no segundo capítulo. A análise da literatura existente é a fase inicial de um projeto de investigação, que foi exaustivamente analisada no Capítulo 2. Após uma revisão meticulosa da literatura, foram identificadas lacunas que conduziram à formulação do enunciado do problema e dos objectivos, detalhados no Capítulo 3. Este estudo centra-se na investigação da tecnologia de fabrico aditivo por fusão selectiva a laser. A metodologia adoptada para esta investigação é explicada detalhadamente na Figura 4.1 deste capítulo.

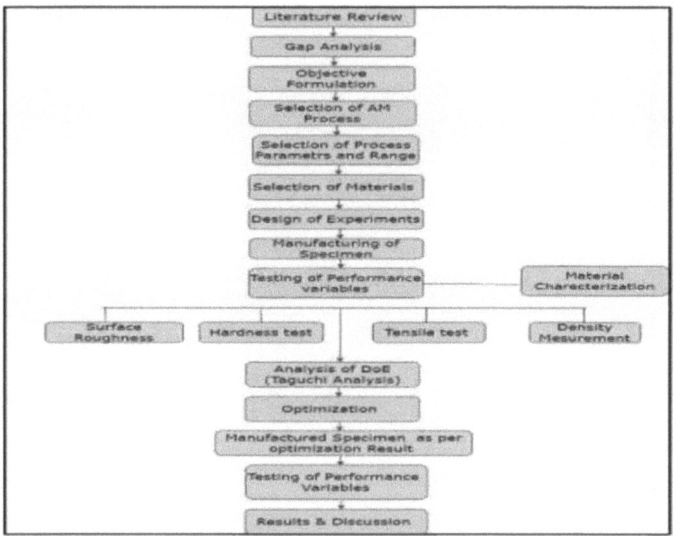

Figura 4.1 Metodologia seguida para a investigação

4.1 Fusão selectiva por laser

A Fockele and Schwarze (F&S) foi pioneira numa nova tecnologia em 1999, em colaboração com o Fraunhofer Institute of Laser Technology, introduzindo um método de fabrico à base de pó conhecido como fusão selectiva por laser [62]. Esta técnica permite a produção de produtos funcionais tridimensionais (3D) a partir de dados de desenho assistido por computador (CAD). Ao contrário da sinterização selectiva a laser, em que as partículas de pó são parcialmente fundidas ou sinterizadas, na fusão selectiva a laser, o pó é totalmente liquefeito utilizando um potente laser de fibra que varre a superfície do pó, criando uma poça de fusão [63]. O processo envolve a fusão sucessiva camada a camada, com cada camada a ser digitalizada, seguida do abaixamento da plataforma na direção z e da aplicação de uma nova camada de pó até que toda a construção esteja completa. Depois de atingir a densidade total, as partículas soltas são removidas. É crucial realizar a fusão selectiva a laser num ambiente desprovido de oxigénio, utilizando normalmente gases inertes como o árgon [64].

Ilustrada na Figura 4.2, a fusão selectiva a laser é particularmente conhecida pela sua capacidade de criar componentes funcionais específicos em grande escala a partir de metais de qualidade técnica, obtendo geometrias altamente complexas a um custo reduzido. Esta tecnologia tornou-se uma das metodologias de crescimento mais rápido no sector global do fabrico de aditivos, encontrando aplicações significativas em indústrias como a automóvel e a aeroespacial. Particularmente no domínio biomédico, a fusão selectiva a laser desempenha um papel fundamental ao facilitar a criação de implantes cirúrgicos complexos adaptados às características anatómicas dos pacientes, oferecendo um elevado valor e complexidade no fabrico [65].

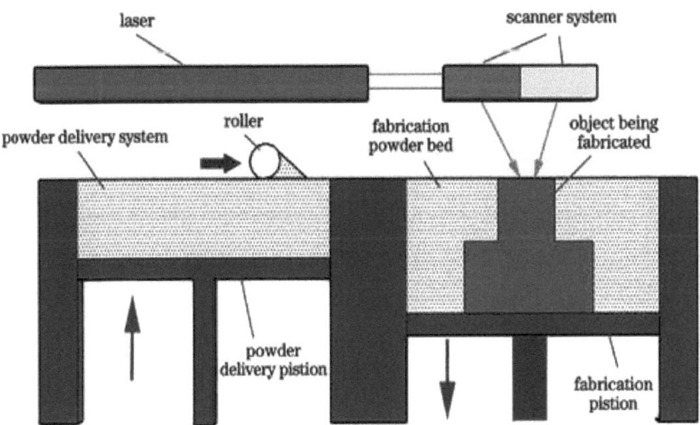

Figura 4.2 Método de fusão selectiva por laser

Nas fases iniciais da fusão selectiva a laser, o desenho CAD 3D do objeto desejado é cortado em várias camadas. Estes dados cortados são convertidos num formato de ficheiro STL e carregados no software de processamento. Aqui, são ajustadas as definições de processamento essenciais para os componentes finais. Antes do início do processo, um leito de pó não consolidado é espalhado uniformemente sobre uma plataforma metálica ligada a uma mesa indexada ao longo do eixo vertical. A manutenção de uma atmosfera inerte precisa, desprovida de oxigénio, evita a oxidação do metal durante o processo. O aquecimento do pó ajuda na fusão direccionada. Subsequentemente, um pulso de laser, controlado por um sistema de desvio, analisa a superfície do pó de cada camada com base numa secção transversal calculada a partir do modelo CAD. Assim que as partículas de pó se fundem, a superfície metálica é rebaixada na espessura da camada necessária, construindo a camada subsequente. Utilizando um rolo ou uma lâmina, a fusão selectiva a laser deposita com precisão as sucessivas camadas de pó. O feixe de laser volta a analisar a camada de pó, fundindo-a com a camada anteriormente ligada. Este processo continua, adicionando camadas de material até que a peça 3D completa esteja formada. O impulso de laser de alta potência funde totalmente as partículas, criando poças de fusão no pó metálico ao longo de trajectórias pré-determinadas. Após a fusão da primeira camada, a plataforma de construção desce até à espessura da camada seguinte para iniciar a digitalização da camada subsequente [66][67].

A tecnologia de fusão selectiva a laser permite a produção de geometrias complexas que são difíceis ou impossíveis de obter utilizando métodos convencionais como a fundição, a metalurgia do pó, o forjamento ou a extrusão. Particularmente no domínio biomédico, esta tecnologia tem um impacto significativo no fabrico de dispositivos. Ao contrário das técnicas de produção tradicionais, a fusão selectiva a laser oferece vantagens económicas ao facilitar a produção em pequena escala sem incorrer em penalizações substanciais em termos de custos. A sua adequação para o fabrico de dispositivos biomédicos é sublinhada pelas suas capacidades, permitindo a criação de estruturas complexas, a personalização e pequenas séries de produção, tornando-a uma opção eficiente e viável em contraste com os processos de fabrico convencionais.

> Permite ao fabricante produzir protótipos para validação antes de efetuar uma produção em grande escala.

> Este processo conduz a um ciclo de desenvolvimento de produtos mais curto, minimizando várias fases de fabrico, reduzindo assim o tempo necessário para colocar os produtos no mercado.

> A tecnologia de fusão selectiva a laser permite a produção de componentes em pequenas quantidades.

> Este método permite o fabrico de geometrias altamente complexas com o mínimo de restrições. Especificamente, a fusão selectiva a laser é adequada para produzir componentes precisos para dispositivos biomédicos.

> A tecnologia de fusão selectiva a laser permite a personalização e o pormenor intrincado de equipamento biológico sem limitações de complexidade.

> É possível melhorar a qualidade do produto através da otimização do processo de fusão selectiva a laser [68].

A fusão selectiva a laser oferece uma gama mais vasta de materiais para além dos elementos condutores, abrangendo cerâmicas e componentes compósitos. No entanto, a produção de cerâmicas e compósitos utilizando esta técnica é mais exigente do que a de peças metálicas. Os materiais metálicos normalmente utilizados para a fusão selectiva a laser incluem ligas à base de ferro, ligas de titânio, ligas Al Si e superligas à base de níquel [69]

> **Ligas à base de ferro: Nas** fases iniciais da fusão selectiva a laser, as ligas à base de ferro surgiram como um tipo de material metálico comummente utilizado. O foco principal durante estas fases iniciais girava em torno da compreensão do próprio processo de fusão selectiva a laser. medida que o processo evoluiu e avançou, os objectivos principais passaram gradualmente a ser a exploração das capacidades e do potencial de fabrico de componentes de elevado valor acrescentado.

> Ligas de **titânio**: A liga de titânio, nomeadamente o Ti-6Al-4V, destaca-se como o material mais extensivamente estudado no domínio da fusão

selectiva a laser. A produção de ligas de titânio através de métodos tradicionais coloca desafios devido à elevada reatividade de contaminantes como o oxigénio, o azoto e o hidrogénio com o titânio. A fusão selectiva a laser oferece uma vantagem em relação ao fabrico convencional, uma vez que proporciona uma atmosfera protetora dentro da sua câmara através da utilização de gás inerte, resolvendo esta sensibilidade. O foco da aplicação para o fabrico de ligas de titânio através da fusão selectiva a laser centra-se em implantes médicos personalizados e componentes de aeronaves topologicamente optimizados. Embora as iniciativas de fabrico de componentes de Ti-6Al-4V através da fusão selectiva a laser sejam semelhantes às do processo de feixe de electrões, as diferenças nos perfis térmicos resultam em microestruturas distintas: em forma de agulha a' na fusão selectiva a laser, contrastando com a forma de agulha a+0 no processo de fabrico por feixe de electrões [70].

> **Ligas de Al-Si:** As ligas Al-Si encontram aplicações extensivas nas indústrias aeroespacial e automóvel devido à sua mistura excecional de estrutura leve, elevada condutividade térmica e propriedades mecânicas. As qualidades mecânicas de ligas como AlSilOMg e Al-12Si são significativamente afectadas pela configuração do silício eutéctico. Ao incorporar uma pequena quantidade de Mg, a matriz pode ser reforçada pela formação de Mg2Si, preservando simultaneamente outras características mecânicas. O processo de fusão selectiva a laser, conhecido pela sua rápida taxa de solidificação que conduz a microestruturas mais finas e a uma distribuição mais uniforme do silício eutéctico, melhora as propriedades mecânicas dos componentes de Al-Si. No entanto, a produção de ligas de Al-Si através da fusão selectiva a laser depara-se com desafios específicos, como a fraca fluidez do pó, a elevada refletividade, a elevada condutividade térmica e as porosidades, o que a distingue do fabrico de outros materiais utilizando a mesma técnica [71].

> Ligas **à base de níquel**: As ligas à base de níquel têm uma enorme importância no fabrico aditivo, particularmente em processos como a fusão selectiva por laser e a maquinagem por feixe de electrões. Esta importância decorre das limitações encontradas nos métodos de fabrico tradicionais, como a segregação, a fraca trabalhabilidade e os elevados

custos de maquinação. A decisão de utilizar a fusão selectiva por laser ou a maquinagem por feixe de electrões para superligas à base de níquel depende de casos ou aplicações específicas, uma vez que cada método tem as suas próprias vantagens e desvantagens. Atualmente, as superligas soldáveis à base de níquel, como a IN718, a IN625, a Hastelloy X e a Nimonic263, têm sido habitualmente utilizadas na fusão selectiva por laser devido ao seu baixo teor de titânio e alumínio, reduzindo a suscetibilidade à fissuração por deformação. Também foram feitas tentativas para alargar esta aplicação a superligas à base de Ni menos soldáveis, como a IN939, IN100, IN738LC e Renel42. Estes esforços demonstram que a fusão selectiva a laser tem um potencial significativo na criação de componentes intrincados, cruciais e funcionais adequados para aplicações de alta potência [72].

A tecnologia de fusão selectiva a laser apresenta capacidades excepcionais na produção de componentes metálicos que satisfazem normas de qualidade rigorosas. Esta competência deve-se às condições operacionais do processo, que permitem a fusão completa dos pós metálicos, garantindo assim uma elevada pureza. Além disso, a tecnologia permite a refusão de uma espessura específica de material previamente solidificado durante a varredura de camadas, promovendo a criação de estruturas bem unidas e de alta densidade. Estas condições de funcionamento são significativamente adaptadas ao material que está a ser processado e à estratégia específica do processo, dando ênfase às propriedades mecânicas, ao acabamento da superfície, à precisão dimensional e à exatidão [73].

4.2 O papel dos parâmetros do processo

Compreender e implementar um programa de conformidade bem sucedido para o processo de fusão selectiva a laser ou sinterização selectiva a laser pode ser um desafio notável devido à influência de mais de 50 parâmetros de processo diversos na qualidade do componente final. Estes parâmetros são categorizados em grupos como "parâmetros de laser e de digitalização", "propriedades do pó", "propriedades do leito de pó" e "parâmetros do ambiente de construção". Estas categorias classificam-se ainda em "parâmetros controláveis", modificáveis ao longo do processo de construção, e "parâmetros predefinidos", definidos no início de uma construção e normalmente imutáveis. O quadro 4.1 apresenta alguns destes parâmetros. Para compreender o processo de fusão selectiva a laser de forma abrangente, torna-se essencial um estudo detalhado da relevância de cada parâmetro do processo. A fusão selectiva a laser funciona através da transferência de energia laser para um leito de pó, aquecendo e, em última análise, fundindo o pó, como ilustrado no diagrama simples apresentado na Figura 4.3 para a fusão selectiva a laser [75].

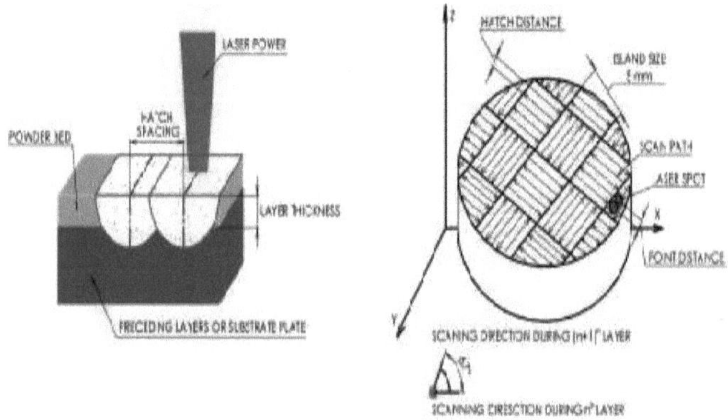

Figura 4.3 Variáveis do processo de fusão selectiva por laser

O laser é a principal fonte de energia no processo de fusão selectiva a laser. Ao longo deste processo, os níveis de potência são frequentemente ajustados com base em parâmetros de varrimento para obter diferentes características. Embora os lasers contínuos ainda sejam predominantes na maquinaria industrial, os lasers pulsados têm demonstrado vantagens significativas na prevenção de fissuras no material e no controlo da microestrutura. Embora parâmetros como o comprimento de onda e a polarização tenham efeitos notáveis na capacidade de absorção, não são normalmente alterados com frequência nos processos de fusão selectiva a laser. O método de fornecimento de energia ao leito de pó depende da utilização de um laser pulsado ou contínuo [76]. A composição do pó e as suas características termodinâmicas influenciam significativamente a dinâmica da poça de fusão e a interação do feixe laser com o pó durante a fusão selectiva a laser. Estas propriedades são determinadas principalmente pelo material selecionado. Além disso, aspectos como a forma das partículas, a rugosidade da superfície, as distribuições de tamanho e a fluidez do pó são fundamentais. Estes aspectos não só têm impacto na absorção da luz, como também influenciam o comportamento do pó durante o recobrimento e o seu acondicionamento no leito de pó, afectando assim a uniformidade de cada camada durante o processo de recobrimento. Embora as qualidades do leito de pó possam diferir do próprio material em pó, estão interligadas. Estas variações afectam profundamente a dinâmica global do processo e a qualidade da peça final. Com a densidade de embalagem a permitir uma percentagem considerável de espaço dentro do leito de pó, cerca de 40-50%, o aquecimento das paredes laterais do leito de pó é uma prática comum para gerir a sua temperatura. Esta regulação da temperatura influencia significativamente os gradientes térmicos, as tensões internas, a capacidade térmica, a condutividade térmica e até o fluxo de pó durante o recobrimento, afectando em última análise as propriedades do produto [77]. Este ambiente controlado é essencial para evitar potenciais problemas como a oxidação, a descarbonetação e outros efeitos prejudiciais que podem comprometer as propriedades mecânicas da peça acabada [78]. A manutenção deste controlo ajuda a evitar qualquer impacto adverso na qualidade global dos componentes fabricados.

Tabela 4.1: Breve resumo das variáveis do processo de fusão selectiva por laser

SrNo.	Parâmetros	Explicações	Tipos
Parâmetros de laser e de varrimento			
1	Média Potência $(P)_L$	A potência média (PL) mede a potência total Saída de energia de um laser	Controlado
2.	Modo	Contínuo ou pulsado	Predefinido
3.	Potência de pico	Potência máxima num impulso laser	Predefinido
4.	Largura do impulso	Comprimento de um impulso laser quando funciona em Modo pulsado	Predefinido
5.	Frequência	Impulsos por unidade de tempo	Predefinido
6.	Comprimento de onda(A)	Distância entre pousos em, laser lector ondas magnéticas	Predefinido
7.	Polarização	Orientação das ondas electromagnéticas no laser Feixe	Predefinido
8.	Qualidade do feixe	Relacionado com o perfil de intensidade e utilizado para Prever o grau de sucesso	Predefinido

9.	Tamanho da mancha	Comprimento e largura da mancha elíptica (igual para as manchas circulares)	Controlado
10.	Velocidade de varrimento (v)	Velocidade a que o laser se desloca através da construção superfície	Controlado
11.	Espaçamento de digitalização (Ss)	Distância entre passagens de laser vizinhas	Controlado
12.	Estratégia de digitalização	O padrão no qual o laser é digitalizado Em toda a superfície de construção	Controlado
		Propriedades do material em pó	
14.	Densidade a granel (pb)	Densidade do material, limita a densidade máxima do componente final	Predefinido
15.	Térmica Condutividade (kb)	Medida da capacidade do material para conduzir calor	Predefinido
16.	Capacidade térmica (cp,b)	Medida da energia necessária para aumentar a temperatura do material	Predefinido
17.	Calor latente de Fusão (Lf)	Energia necessária para o processo sólido-líquido e líquido Mudança de fase sólida	Predefinido
18.	Derretimento Temperatura (Tm)	Temperatura a que o material funde;	Predefinido
19.	Ebulição Temperatura (Tb)	Temperatura a que o material se vaporiza	Predefinido
20.	Viscosidade da poça de fusão (p)	Medida da resistência da massa fundida ao fluxo	Predefinido
21.	Coeficiente Térmica Expansão(a)	Medida da variação de volume do material em Aquecimento ou arrefecimento	Predefinido
22.	Sem superfície Energia(ysl)	Energia livre necessária para formar uma nova unidade De sólido-líquido	Predefinido
23.	Pressão de vapor (pv)	Medida da tendência do material para Vaporizar	Predefinido
24.	Calor (entalpia) de Reação	Energia associada a uma reação química do material	Predefinido
25.	Material Absorção (Ab,m)	Medida da energia laser absorvida pelo material, por oposição à energia transmitida ou reflectida	Predefinido
26.	Difusividade(D)	Importante para a sinterização em estado sólido, não tão crítico para a fusão	Predefinido
27.	Solubilidade (S)	Solubilidade do material sólido no líquido fundido Improvável que seja significativa	Predefinido
28.	Partícula Morfologia	Medidas da forma das partículas individuais e das suas distribuições	Predefinido
29.	Rugosidade da superfície (RA)	Média aritmética do perfil de superfície	Predefinido
30.	Tamanho das	Distribuição dos tamanhos das partículas,	Predefinido

	partículas Distribuição		
Propriedades do leito de pó e parâmetros de recobrimento			
31.	Densidade(p)	Medida da densidade de empacotamento das partículas de pó, influencia o equilíbrio térmico	Predefinido
32.	Térmica Condutividade $(k)_P$	Medida da capacidade do leito de pó para conduzir calor	Predefinido
33.	Espessura da camada (L)	Altura de uma única camada de pó, limitando a resolução e afectando a velocidade do processo	Controlado
34.	Cama de pó Temperatura	Temperatura a granel do leito de pó	Controlado
Parâmetros do ambiente de construção			
35.	Gás de proteção	Normalmente Ar ou N_2	Predefinido
36.	Nível de oxigénio	Provavelmente o parâmetro ambiental mais importante; o oxigénio pode levar à formação de óxido no metal, alterando a energia de molhabilidade Necessário para a soldadura	Controlado
37.	Temperatura ambiente (T~)	Aparece no equilíbrio térmico, pode afetar o pó Pré-calor e stress residual	Controlado
38.	Sem superfície energia(vgi)	Entre o líquido e o gás envolvente em fluência Forma da poça de fusão	Predefinido

4.3 Conceção da experiência

A Conceção de Experiências (DoE) é uma abordagem metódica e precisa para resolver problemas de engenharia. Baseia-se em procedimentos e conceitos bem definidos durante a recolha de dados para garantir a produção de conclusões de engenharia fiáveis, lógicas e validadas. Além disso, funciona com restrições, visando um investimento mínimo em termos de iterações de engenharia, tempo e recursos financeiros [79]. A secção seguinte aborda as várias técnicas utilizadas na Conceção de Experiências, oferecendo uma visão mais aprofundada da sua aplicação.

4.3.1 Tipos de conceção de experiências

São utilizadas diferentes técnicas para a conceção da experiência, como se segue:

1. Conceção fatorial completa
2. Desenhos factoriais fraccionados (Desenhos de rastreio)
3. Desenhos de superfície de resposta
4. Projectos mistos
5. Desenhos de matrizes de Taguchi
6. Desenhos de parcelas divididas

Para a investigação e a experimentação, foi utilizado o projeto experimental de Taguchi.

4.3.2 Análise de Taguchi

A implementação da conceção de experiências de Taguchi teve como objetivo aprofundar a forma como os parâmetros de processamento afectam as propriedades mecânicas. Este método está estruturado para efetuar ensaios que revelam a influência de diferentes variáveis do processo no desempenho do próprio processo. Utilizando matrizes ortogonais, o projeto Taguchi avalia os efeitos das variáveis tanto na média como na variância da resposta. Neste estudo, foram seleccionados quatro parâmetros cruciais do processo - potência do laser, tempo de exposição, potência da borda e espaçamento das hachuras - com base numa análise exaustiva da literatura existente, tendo variado em três níveis. No processo de fusão selectiva a laser, é essencial conseguir uma fusão adequada do pó, diretamente influenciada por uma potência laser adequada. O tempo de exposição assegura uma fusão uniforme entre camadas, enquanto a potência de fronteira é crucial para uma fusão eficiente no núcleo e nos bordos. O espaçamento ótimo das hachuras contribui para uma qualidade de fusão superior. Utilizando uma matriz ortogonal L9, todos os parâmetros do processo foram testados em três diferentes

para analisar de forma exaustiva o seu impacto [80].

4.3.3 Software utilizado para a conceção da experiência

O Minitab é uma ferramenta versátil para análise estatística e fins educacionais. A sua funcionalidade estende-se tanto a contextos educativos como à investigação estatística profissional. Ao contrário do cálculo manual, o software estatístico como o Minitab garante uma maior precisão, fiabilidade e uma análise mais rápida dos dados. Oferece uma gama de ajudas visuais, incluindo histogramas, boxplots e gráficos de dispersão, permitindo aos utilizadores interpretar e comunicar os dados de forma eficaz. Além disso, os profissionais podem facilmente derivar estatísticas descritivas, fornecendo uma visão geral abrangente dos seus dados e facilitando uma análise aprofundada.

O Minitab gera gráficos de efeitos principais e de interação, tabelas de respostas e resumos de modelos lineares para análise.

- "Os rácios S/N, que medem a robustez, são comparados com as variáveis de controlo."
- "Médias (conceção estática) ou declives (conceção dinâmica de Taguchi) em relação aos factores de controlo."
- Desvios-padrão vs. factores de controlo
- "Relação entre o logaritmo natural dos desvios-padrão e os factores de controlo."

Compreender os factores em jogo e as suas interacções é crucial para compreender a forma como influenciam as respostas. As métricas como rácios sinal-ruído, médias (em concepções estáticas), declives (em concepções dinâmicas de Taguchi) e desvios-padrão são normalmente utilizadas para obter uma compreensão abrangente da forma como estes factores influenciam o resultado. É importante escolher um rácio sinal/ruído adequado ao tipo de dados e ao objetivo de otimizar a resposta[81]. Estas ferramentas analíticas ajudam a decifrar as relações entre os vários factores e os resultados resultantes, permitindo um processo de tomada de decisões mais informado na otimização das respostas

4.4 Caracterização de materiais

A caraterização na ciência dos materiais é um processo fundamental que envolve a investigação e avaliação exaustivas da composição e das qualidades de um material. É um passo vital na compreensão dos materiais de engenharia, permitindo a compreensão científica da sua natureza. Este processo envolve várias técnicas para analisar e explorar a estrutura microscópica e as propriedades dos materiais. Alguns tipos comuns de métodos de caraterização incluem espetroscopia, microscopia, análise térmica, ensaios mecânicos e análise de superfícies. Estes métodos oferecem informações valiosas sobre o comportamento do material, ajudando os investigadores a compreender e a manipular os materiais para várias aplicações na ciência e na tecnologia.

> Macroscópico

> Microscópico

> Espectroscopia

- Ensaios **macroscópicos**: O exame de uma amostra de ensaio a um nível macroscópico, sem ampliação significativa, desempenha um papel crucial na determinação da sua precisão e fiabilidade. Este método envolve a avaliação das características estruturais de um material, como o fluxo de grãos, a porosidade e as fracturas, para avaliar a sua qualidade através de uma análise alargada dos metais. São utilizados vários procedimentos para analisar diferentes propriedades macroscópicas dos materiais. Estes incluem métodos de ensaio mecânico, como ensaios de tração, compressão, torção, fluência, fadiga, tenacidade e dureza superficial. Estas abordagens oferecem informações valiosas sobre o comportamento e a durabilidade dos materiais, ajudando na sua avaliação e aplicação em diversas indústrias.

- **Ensaios Microscópicos:** A microscopia engloba várias técnicas destinadas a investigar e compreender as estruturas superficiais e subsuperficiais dos materiais. Empregando fotões, electrões, iões ou sondas físicas de cantilever, estes métodos oferecem uma visão da estrutura de um material em diferentes escalas de comprimento. A microscopia ótica e a microscopia eletrónica de varrimento são as principais técnicas de microscopia habitualmente utilizadas. A microscopia ótica utiliza a luz visível para examinar amostras e fornece informações sobre estruturas maiores, enquanto a microscopia eletrónica de varrimento, que utiliza um feixe de electrões focalizado, permite a visualização detalhada de superfícies a uma escala muito mais pequena. Estas técnicas são fundamentais na análise de materiais, ajudando investigadores e cientistas a explorar e a compreender os pormenores intrincados das composições e propriedades de vários materiais.
- Espectroscopia: As técnicas de caraterização são um conjunto de métodos que permitem descobrir a composição química de um material, a sua estrutura cristalina e várias propriedades. Uma dessas técnicas, a espetroscopia de difração de raios X, desempenha um papel vital neste processo. Através da difração de raios X, os cientistas podem analisar as variações de composição, a estrutura cristalográfica e as características fotoeléctricas de um material. Esta abordagem permite aos investigadores compreender como os átomos estão dispostos dentro de um material e como interagem, fornecendo informações cruciais sobre as

propriedades e o comportamento fundamentais do material.

As técnicas de caraterização englobam uma série de métodos cruciais para compreender a composição química, a estrutura cristalina e as diversas propriedades de um material. Entre estas técnicas, a espetroscopia de difração de raios X destaca-se como fundamental. Utilizando a difração de raios X, os cientistas podem investigar as variações de composição, a estrutura cristalográfica e as características fotoeléctricas de um material. Este método revela a disposição dos átomos no material e as suas interacções, fornecendo informações fundamentais sobre as propriedades e o comportamento intrínsecos do material. Além disso, foram utilizadas avaliações mecânicas, como testes de rugosidade, tração e dureza, para avaliar as propriedades mecânicas do material. A validade da informação recolhida foi confirmada utilizando o software de simulação Simufact, enquanto o algoritmo de otimização Grasshopper foi utilizado para afinar e otimizar os parâmetros do processo.

4.4.1 Microscopia ótica

Os microscópios metalográficos desempenham um papel crucial na deteção de falhas nas superfícies metálicas e no exame dos limites dos grãos de cristal nas ligas metálicas. Para efetuar uma investigação microestrutural detalhada, foram utilizadas fresas abrasivas de precisão para cortar cuidadosamente as amostras. Subsequentemente, as superfícies destas amostras foram meticulosamente polidas até ao grão 3000 utilizando papéis SiC, seguido de polimento adicional utilizando suspensão adequada. As amostras foram depois cuidadosamente limpas com água desionizada e etanol para garantir uma clareza óptima. Por fim, foi empregue um processo de gravação, envolvendo a aplicação de um reagente de gravação adequado durante um período de 30 a 50 segundos para revelar mais detalhes nas amostras, facilitando uma análise abrangente [83].

4.4.2 Análise de difração de raios X (XRD)

A análise de difração de raios X (XRD) é um método crucial para decifrar a estrutura cristalina dos materiais, como se mostra na Figura 4.4. Examina a intensidade e o ângulo de dispersão dos raios X quando estes interagem com um material após a sua exposição aos raios X recebidos. A principal aplicação da DRX consiste em identificar materiais através dos seus padrões de difração. Para além da mera identificação, a XRD permite conhecer as alterações estruturais a nível micro em materiais específicos. Esta análise envolve a interação de ondas de energia electromagnética (raios X) com a disposição ordenada dos átomos nos cristais. Durante este processo, os electrões dentro dos átomos do cristal interagem com os raios X que chegam, resultando em dispersão elástica, onde os electrões actuam como dispersores. Esta interação gera ondas esféricas a partir da matriz regular de dispersores. Embora estas ondas tendam a anular-se mutuamente na maioria das direcções devido à interferência destrutiva, a lei de Bragg explica a sua contribuição para a Equação 4.1, facilitando assim a compreensão da estrutura cristalina e das características do material.

$$nA - 2dsin\& \quad (4.1)$$

Onde "d é o espaçamento entre os planos de difração, 0 é o ângulo de incidência, n é um número inteiro e A é o comprimento de onda do feixe". Para identificar as fases presentes no pó recebido, foi utilizada esta técnica. O "Difractómetro de raios X RigakuUltima IV" utilizou "radiação Cu-Ka (A = 1,5406) com uma velocidade de varrimento fixa de l°/min e um gerador de raios X regulado para 30 mA e 40 kV. Uma amostra representativa foi analisada a diferentes velocidades de varrimento (isto é, 0,1°/min, 0,5°/min, l°/min e 2°/min) para determinar a velocidade de varrimento mais conveniente [84].

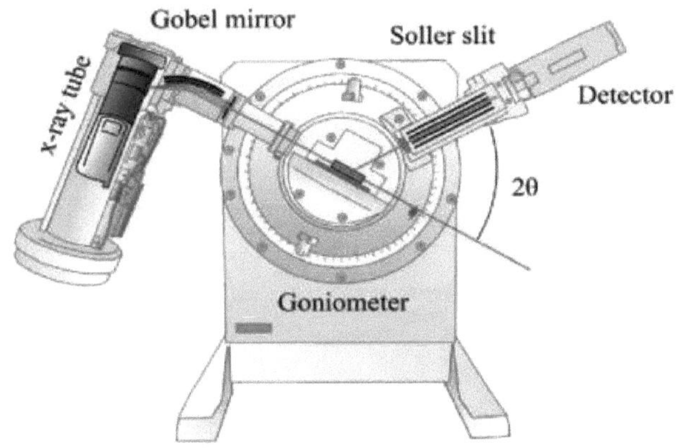

Figura 4.4 Configuração da análise XRD [84]

4.4.3 Microscopia eletrónica de varrimento com emissão de campo (FESEM)

A Microscopia Eletrónica de Varrimento por Emissão de Campo (FESEM) é uma tecnologia de ponta, que oferece uma gama extraordinária de ampliações, de 10x a 300 000x, e uma extensa profundidade de campo. Reconhecida pela sua capacidade de fornecer uma visão topográfica e elementar intrincada, a FESEM gera imagens que são três a seis vezes mais nítidas e apresentam uma distorção eletrostática significativamente menor do que a microscopia eletrónica de varrimento convencional [85]. Para uma análise aprofundada, todas as amostras recentemente fabricadas foram submetidas a investigações microestruturais meticulosas utilizando o "FESEM - FEI Nova Nano SEM 450". Esta técnica apresenta imagens de baixa tensão de resolução ultra-alta e capacidades excepcionais de baixo vácuo. Operando a 15 kV, o FESEM alcançou uma resolução impressionante de 1,0 nm, enquanto que a 3 kV e 30 Pa, alcançou 1,8 nm. Utilizando o detetor de espetroscopia de energia dispersiva, o FESEM facilitou a determinação da composição química das amostras. A Figura 4.5 ilustra visualmente a instalação do FESEM na Universidade de Pune, mostrando a sua instrumentação de ponta para exploração e análise científicas.

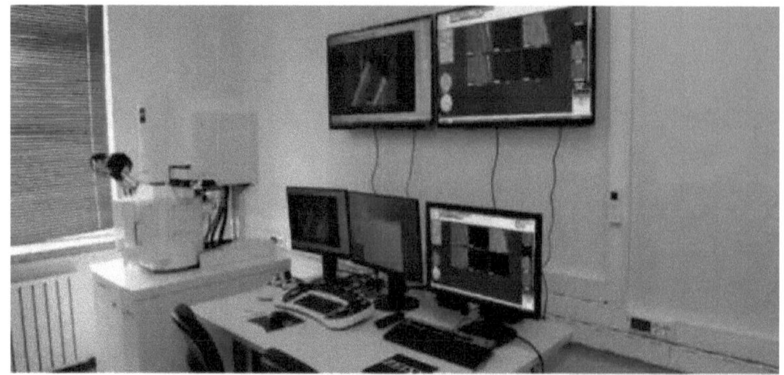

Figura 4.5 Configuração do FESEM para análise microestrutural

4.5 Ensaios mecânicos

Os ensaios mecânicos são um método fundamental para avaliar as propriedades mecânicas dos materiais, independentemente da sua geometria, abrangendo condições geométricas específicas. Engloba vários procedimentos de ensaio cruciais para determinar a adequação de um material no que diz respeito à resistência à corrosão e à sua qualidade geral no fabrico, controlo de qualidade, análise de falhas e em numerosas indústrias [86]. Especificamente, foram realizados ensaios mecânicos em amostras de AlSilOMg, IN718 e SS316L produzidas por fusão selectiva a laser. A avaliação envolveu medições da rugosidade da superfície, da dureza, da tensão de cedência, da resistência à tração final e do alongamento na rutura, realizadas de acordo com as normas da American Society for Testing and Materials (ASTM E8). Foram efectuadas análises comparativas da dureza, das propriedades de tração e da rugosidade da superfície dos espécimes produzidos por fusão selectiva a laser, considerando diferentes parâmetros de processo baseados na matriz L9 [87]. Este ensaio exaustivo forneceu informações essenciais sobre as características mecânicas e os comportamentos dos materiais fabricados, cruciais para várias aplicações industriais e processos de seleção de materiais.

4.5.1 Medição da dureza

O ensaio de dureza representa um método fundamental na análise de materiais, oferecendo simplicidade e destrutividade mínima em comparação com outras abordagens de ensaio. Esta técnica avalia a dureza do material, muitas vezes sem alterar significativamente o componente em análise. O ensaio de dureza por indentação, um método amplamente reconhecido, envolve a pressão de um indentador de forma específica na superfície do material durante um tempo definido e a medição da profundidade de penetração resultante. À medida que a suavidade do material aumenta, a profundidade da indentação aumenta. O teste de dureza Rockwell, uma técnica proeminente, aplica primeiro uma carga menor, seguida de uma carga maior durante um período específico antes da remoção, fornecendo resultados rápidos e eficazes sem a necessidade de medições dimensionais. São utilizados vários indentadores, tais como cones de diamante ou esferas de carboneto de tungsténio, com base no tipo de material que está a ser testado. Por exemplo, os cones de diamante são normalmente utilizados para aços endurecidos, enquanto as esferas de carboneto de tungsténio são utilizadas para materiais mais macios. A escala Rockwell, medida por um indentador e uma força de teste, indica o número de dureza do material (HR) na respectiva escala. Durante o teste, um aparelho de teste de dureza superficial Rockwell cum aplica uma carga de "150 Kg" durante "10 segundos" usando um indentador de diamante brale de forma cónica de 120°, analisando pelo menos três áreas distintas na amostra para obter os valores médios de dureza. A avaliação foi efectuada utilizando um aparelho de teste de dureza superficial Rockwell cum, Marca- FIE, Modelo- RESNET (Figura 4.6) [88]. Este método revela-se vital para avaliar a dureza dos materiais, fornecendo dados cruciais para a seleção de materiais e a avaliação da qualidade em várias indústrias e aplicações.

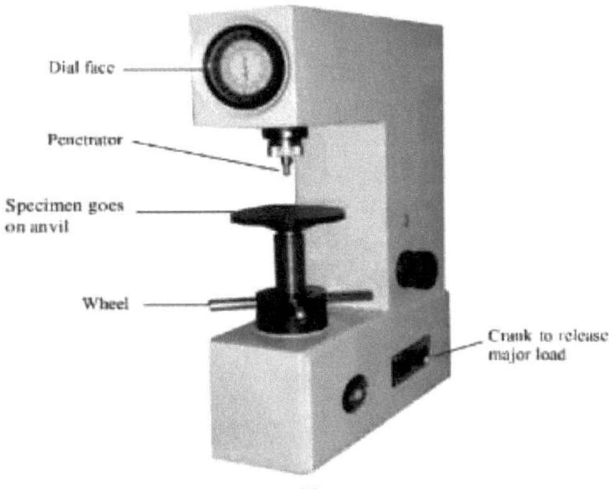

Figura 4.6 Medidor de dureza Rockwell

4.5.2 Ensaio de tração

Os ensaios de tração são um método de avaliação mecânica fundamental e amplamente utilizado, permitindo aos projectistas e gestores de qualidade prever o desempenho de materiais e produtos através da medição da força necessária para esticar um espécime até à rutura. Estes ensaios fornecem informações sobre vários aspectos de desempenho, capturados numa curva de força versus extensão, ilustrando o comportamento do material até à sua rutura. Em particular, os ensaios de tração oferecem informação estatística sobre a fiabilidade e segurança do material, crucial para os fabricantes que pretendem produzir produtos de alta qualidade. Os provetes foram preparados de acordo com as normas ASTM E8, e os ensaios de tração foram realizados utilizando uma "Máquina de Ensaio Universal Digital (UTM), Marca-FIE, modelo-UTE 60-TS (Figura 4.7)" [89]. Este método constitui uma ferramenta essencial para avaliar a resistência e a durabilidade dos materiais, contribuindo para o desenvolvimento de produtos fiáveis e seguros em todos os sectores.

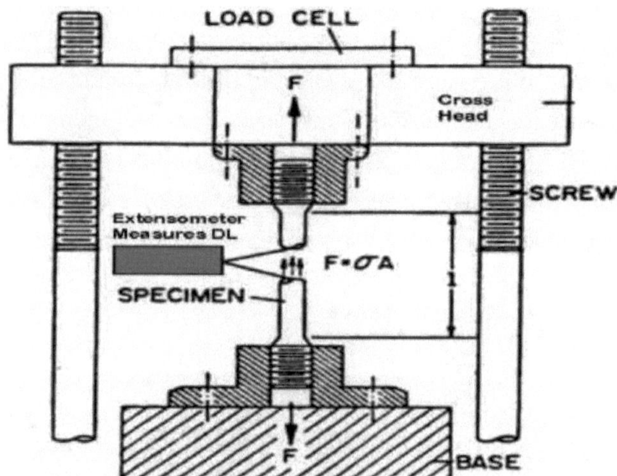

Figura 4.7 Configuração da máquina de ensaio universal

4.5.3 Rugosidade da superfície

A medição da rugosidade da superfície é uma avaliação crucial para compreender as características da textura da superfície. Quantifica as variações ao longo de uma superfície; as variações mais elevadas representam rugosidade, enquanto as mais baixas significam suavidade. O acabamento da superfície tem um impacto significativo na durabilidade do material em várias aplicações de engenharia. Nomeadamente, a rugosidade da superfície influencia fortemente o coeficiente de atrito e a taxa de desgaste de um material. As superfícies rugosas tendem a apresentar taxas de fricção e de desgaste mais elevadas do que as superfícies mais lisas. A previsão da funcionalidade mecânica e da resistência à corrosão das peças depende significativamente dos dados de rugosidade da superfície. O controlo da rugosidade da superfície em aplicações de engenharia desempenha um papel fundamental para garantir a qualidade e a longevidade. Existem inúmeras técnicas disponíveis para medir a rugosidade superficial, incluindo a medição direta, a comparação, o não contacto e os métodos em processo. Utilizando o modelo Mitutoyo SJ-201, a rugosidade da superfície de uma amostra foi meticulosamente testada [90]. A compreensão e a gestão da rugosidade superficial são factores críticos que influenciam o desempenho e a longevidade dos materiais em aplicações de engenharia.

4.6 Otimização

Os métodos de otimização servem de caminho para alcançar as soluções mais adequadas, visando maximizar ou minimizar com base no objetivo definido para o problema. O âmbito da otimização é vasto, englobando vários métodos e técnicas, conforme ilustrado na Figura 4.8. Este capítulo concentra-se principalmente em duas técnicas de otimização essenciais, reconhecendo que a escolha do método depende muito da aplicação em causa. A definição do objetivo e o estabelecimento de modelos matemáticos com restrições constituem desafios no processo de otimização. O algoritmo envolvido na otimização navega através de diferentes soluções, comparando-as continuamente até se chegar a uma solução óptima. O objetivo global da otimização pode ir desde a minimização de custos na produção até objectivos mais amplos como a maximização da eficiência da produção. Atualmente, os algoritmos determinísticos e estocásticos são normalmente utilizados neste processo

[91]. As técnicas de otimização desempenham um papel crucial na determinação das soluções mais eficazes em diversas aplicações, contribuindo para melhorar a eficiência e a relação custo-eficácia em vários domínios.

- **Algoritmos determinísticos**

Estes algoritmos funcionam seguindo um conjunto de directrizes para passar de uma solução para outra. Têm sido aplicados eficazmente para resolver muitos problemas de conceção de engenharia e estão atualmente a ser utilizados em várias situações.

- **Algoritmos estocásticos.**

As regras de tradução probabilísticas estão incluídas nos algoritmos estocásticos. Estes métodos estão a ganhar popularidade porque oferecem certas características que os algoritmos determinísticos não possuem.

4.6.1 Formulação do problema

Um método simples mas eficaz para encontrar uma conceção óptima envolve a avaliação de um pequeno conjunto, frequentemente cerca de dez, de potenciais soluções derivadas do conhecimento existente sobre um problema. Esta abordagem avalia primeiro a viabilidade de cada solução proposta, considerando factores como o custo, o lucro ou outros objectivos específicos. Subsequentemente, após comparar estas soluções com base nos seus objectivos estimados, é escolhida a solução mais adequada. No entanto, não existe uma fórmula única aplicável a todos os problemas de conceção de engenharia devido à natureza diversa dos desafios de conceção e aos seus parâmetros únicos. A formulação do problema de forma matemática é crucial, pois permite a aplicação de algoritmos de otimização para abordar e encontrar soluções para estes desafios de conceção [92].

4.6.2 Variáveis de conceção

O passo inicial e crucial na criação de um problema de otimização é a identificação dos principais elementos de conceção. Estes componentes de conceção, vitais para um resultado de conceção bem sucedido, são designados por variáveis de conceção nos processos de otimização. Embora existam inúmeros factores envolvidos nos desafios de conceção, alguns têm um impacto significativo na funcionalidade da conceção. Estes são considerados as principais variáveis de conceção. Por outro lado, há factores de conceção menos influentes que têm um impacto mínimo na conceção ou mudam em proporção às variáveis de conceção. Uma orientação fundamental na formulação de um problema de otimização é selecionar o menor número possível de variáveis de conceção [93]. Isto ajuda a concentrar o processo de otimização nos aspectos mais críticos, simplificando a procura de uma solução óptima.

4.6.3 Restrições

As restrições na otimização significam as relações funcionais entre diferentes parâmetros e variáveis de conceção. Estas relações asseguram o cumprimento de leis físicas específicas e limitações de recursos no âmbito do problema. É da responsabilidade do utilizador definir e incluir restrições no problema de otimização. Estas restrições incorporam o mundo real

limitações ou condições que a solução de conceção deve satisfazer, orientando o processo de otimização para resultados viáveis e práticos.

4.6.4 Funções de objetivo

A fase subsequente do processo de formulação envolve a determinação da função objetivo relativamente às variáveis de conceção e aos vários factores do problema. Em engenharia, os objectivos giram normalmente em torno da minimização das despesas de fabrico, da redução do peso dos componentes ou da maximização da vida útil do produto. Embora alguns objectivos, como a estética de um projeto ou a fiabilidade de um sistema, possam não ser facilmente quantificáveis em termos matemáticos, a maioria pode ser expressa em termos matemáticos, embora de forma aproximada. A otimização no mundo real procura frequentemente otimizar vários objectivos em simultâneo, o que, embora complexo e computacionalmente exigente, pode ser essencial. Nesses casos, torna-se necessário selecionar o objetivo mais crítico como função objetivo principal e tratar os outros como restrições, definindo os seus valores dentro de limites específicos [93]. Desta forma, garante-se uma abordagem equilibrada para alcançar múltiplos objectivos dentro dos limites da complexidade computacional.

4.6.5 Otimização Multi-objetivo

A procura de soluções óptimas leva à aplicação do processo de otimização. Este processo, já referido anteriormente, procura atingir valores máximos ou mínimos com base em objectivos específicos. Nos cenários contemporâneos de resolução de problemas, os problemas multi-objectivos ganharam destaque devido à sua maior utilidade em comparação com os problemas de objetivo único. Estes problemas multi-objetivo visam atingir valores máximos ou mínimos em vários objectivos simultaneamente, levando ao que é conhecido como otimização multi-objetivo (MOO) [94]. São utilizadas diversas técnicas para resolver problemas multi-objetivo, cada uma delas distinguida pelo seu conteúdo e informação adicional. Métodos como o "Método Priori", o "Método Posteriar", os "métodos adoptivos" e os baseados na construção de aproximações do gráfico de Pareto são utilizados para procurar óptimos globais. A resolução de um problema de otimização requer várias etapas: identificar as variáveis do problema (contínuas ou discretas), reconhecer as restrições das variáveis, definir o objetivo do problema e aplicar um optimizador adequado. A otimização matemática, baseada no conhecimento do gradiente, é utilizada principalmente para procurar a melhor solução. No entanto, tem limitações, como a suscetibilidade a armadilhas de óptimos locais e desafios na resolução de derivações complexas ou computacionalmente dispendiosas. Uma investigação aprofundada indica que os algoritmos multi-objectivos/soluções superam os métodos tradicionais, facilitando o progresso rápido através da troca de informações entre várias soluções no espaço de pesquisa, embora exijam mais avaliações de funções [95]. Estes algoritmos revelam-se vantajosos na determinação de óptimos globais, apesar de necessitarem de mais recursos computacionais.

Várias técnicas de otimização visam acelerar a viagem em direção à melhor solução, ligando diferentes soluções dentro da área de pesquisa. As técnicas comuns baseadas numa única solução incluem o recozimento simulado e o hill climbing, enquanto os algoritmos baseados em várias soluções, como os Algoritmos Genéticos (AG), a Otimização por Enxame de Partículas (PSO), a Otimização por Colónia de Formigas (ACO) e a

Evolução Diferencial (DE) são frequentemente utilizados. Os algoritmos genéticos inspiram-se na evolução darwiniana, tratando as soluções como indivíduos e as suas variáveis como genes. A otimização de colónias de formigas replica a forma como as formigas colaboram para encontrar o caminho mais rápido da sua colónia para as fontes de alimento. Entretanto, a evolução diferencial combina características de soluções existentes utilizando fórmulas simples para criar potenciais soluções para um determinado problema. O processo de otimização divide-se em fases de exploração e de aproveitamento.

A exploração leva os algoritmos a explorar extensivamente, fazendo alterações significativas nas soluções para identificar áreas prospectivas no espaço de pesquisa. Por outro lado, a exploração envolve ajustes de menor escala e exame local das soluções. O equilíbrio destas fases ajuda a encontrar o ótimo global para os problemas de otimização. Nos últimos anos, surgiram vários algoritmos de otimização de inteligência de enxame, como o Dolphin Echolocation (DE), o Firefly Algorithm (FA), o Bat Algorithm (BA), o Grey Wolf Optimizer (GWO) e o Cuckoo Search (CS), cada um simulando comportamentos naturais únicos. Apesar da grande quantidade de algoritmos propostos, o teorema No Free Lunch (NFL) dita que nenhuma técnica de otimização única resolve universalmente todos os problemas. Este teorema levou a um aumento das propostas de algoritmos, incluindo um novo algoritmo baseado no comportamento de um enxame de gafanhotos, apresentado na próxima secção [96].

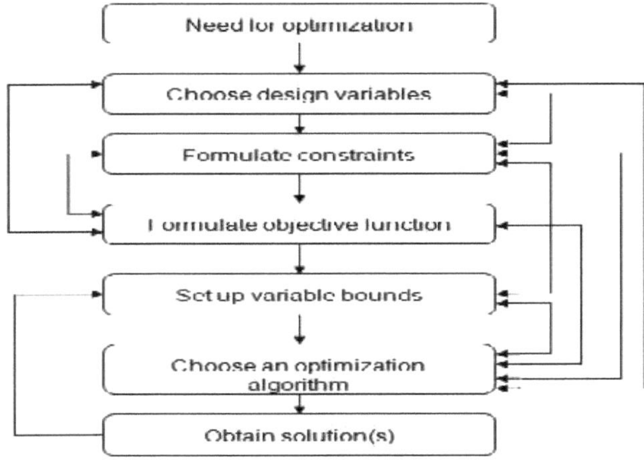

Figura 4.8 Fluxograma do procedimento de conceção óptima

Os gafanhotos, tipicamente considerados pragas devido aos danos que causam na agricultura, apresentam um comportamento único de enxameação, ilustrado na Figura 4.9, que mostra o seu ciclo de vida. Embora os gafanhotos sejam normalmente criaturas solitárias, ocasionalmente formam enxames maciços. Este comportamento é caraterístico, uma vez que tanto as ninfas como os adultos apresentam tendências de enxameação. Enquanto ninfas, milhões de gafanhotos deslocam-se em formações cilíndricas ondulantes, consumindo quase toda a vegetação no seu caminho. Quando atingem a idade adulta, juntam-se em enxames aéreos, percorrendo longas distâncias. Os seus movimentos diferem notavelmente entre as fases larvar e adulta; a primeira envolve passos lentos e pequenos, enquanto a segunda compreende movimentos abruptos e de longo alcance. Para estes enxames, é essencial encontrar fontes de alimento. Os algoritmos inspirados na natureza, como os que imitam o comportamento dos gafanhotos, classificam o seu processo de pesquisa em "exploração" e "prospeção". Durante a exploração, os agentes de pesquisa movem-se rapidamente, enquanto que durante a exploração, concentram-se na exploração local. A equação 4.1 descreve matematicamente o comportamento de enxameação dos gafanhotos [97].

$$Pi = Si + Gi + Ai \quad (4.2)$$

Nesta equação, os vários elementos contribuem para o movimento e o comportamento dos gafanhotos no enxame. O termo "Pi" indica a posição específica de cada gafanhoto no enxame, enquanto "Si" se refere às interacções sociais entre os gafanhotos. Além disso, "Gi" representa o impacto da força da gravidade que actua sobre cada gafanhoto individualmente e "Ai" significa o efeito da advecção do vento no seu movimento coletivo. É importante notar que, para introduzir um elemento de imprevisibilidade ou aleatoriedade no seu comportamento, a equação pode ser formulada em conformidade, permitindo uma simulação mais natural das suas acções e decisões dentro do enxame

$$Pi = r1\,Si + r2Gi + r3Ai \quad (4.3)$$

onde rl, r2 e r3 são números aleatórios no intervalo de [0,1]."

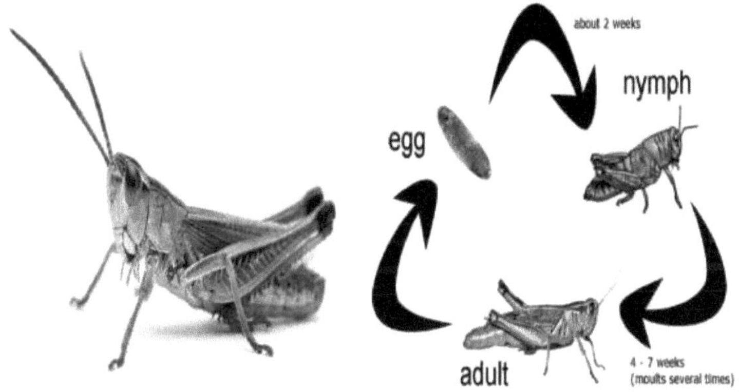

(a) Gafanhoto verdadeiro (b) Ciclo de vida dos gafanhotos

O Algoritmo de Otimização Grasshopper está representado no Algoritmo *1,* fornecendo uma sequência de instruções a seguir passo a passo. O fluxo processual deste algoritmo é ilustrado visualmente na (Figura 4.10), demonstrando a sua progressão de uma fase para outra. O código fonte do GOA está disponível em " http://www.alimirjalili.com/GOA.html", permitindo o acesso à implementação efectiva deste algoritmo para os interessados em estudá-lo ou utilizá-lo nas suas investigações ou aplicações.

Algoritmo 1 O Pseudo-Código do Algoritmo de Otimização Grasshopper:[97-101]

1. Gerar aleatoriamente a população inicial de gafanhotos Pi(i = 1, 2,..., n).
2. Inicializar Cmin, Cmax e o número máximo de iterações tmax
3. Avaliar a aptidão f (Pi) de cada gafanhoto Pi
4. T = a melhor solução
5. **enquanto (t <tmax)do**
6. Atualizar ci ec2 utilizando a equação(9)
7. **fori =** 1 a N (todos os N gafanhotos da população) **do**
8. Normalizar a distância entre gafanhotos no intervalo
9. Atualizar a posição do gafanhoto atual utilizando a equação (8)
10. Trazer de volta o gafanhoto atual se este sair dos limites

11. **fim para**
12. Atualizar T se houver uma solução melhor
13. t = t+l
14. **fim enquanto**
15. Devolver a melhor solução

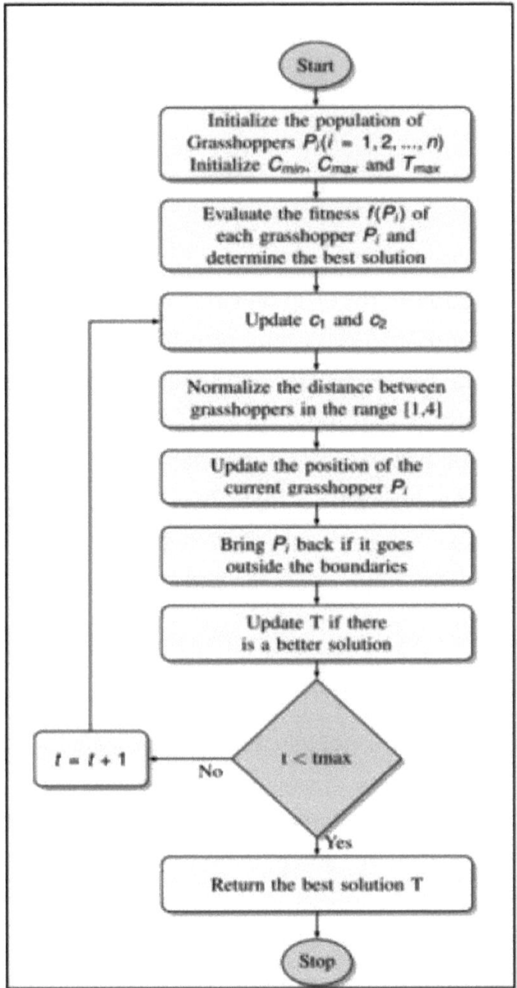

Figura 4.10 Fluxograma do algoritmo de otimização Grasshopper

4.7 Software para simulação

O Simufact Additive é uma solução de software especializada, concebida especificamente para a fusão em leito de pó (L-PBF) e o jato de ligante metálico (MBJ). Desempenha um papel crucial no processo de impressão 3D de metal, realizando simulações para as fases de impressão, tratamento térmico e maquinagem. Estas simulações têm como objetivo melhorar o componente final, abordando questões como a distorção, a tensão residual e a distribuição da temperatura. O que torna o Simufact Additive versátil é a sua arquitetura modular, permitindo aos utilizadores selecionar e utilizar as funções mais relevantes para os seus processos de fabrico. Esta abordagem adaptável não só poupa custos, como também permite uma fácil adaptação à evolução dos requisitos. Além disso, os módulos adicionais expandem as capacidades do software, oferecendo mais funcionalidades que respondem a várias necessidades na utilização quotidiana do software.

A MSC Software oferece uma série de ferramentas concebidas para diversas aplicações, como a soldadura, a união e o fabrico aditivo. Estas ferramentas permitem a simulação de vários tratamentos para gerar componentes prontos para produção. Desde a estática linear e as expansões térmicas até à acústica e à análise de falhas, a MSC Software abrange uma vasta gama de áreas de simulação. Entre o seu software especializado, o Simufact Additive centra-se especificamente no processo de fabrico aditivo (AM), em particular na fusão selectiva a laser. Cria oportunidades de simulação que facilitam uma compreensão abrangente do processo de fabrico aditivo.

- A antecipação de distorções e tensões residuais desempenha um papel crucial na previsão da forma e estrutura finais do objeto ou componente.
- Deteção de pontos quentes locais e ausência de fusão.
- A realização de simulações aditivas antes do fabrico efetivo do componente é essencial para validar o ajuste preciso dos parâmetros do processo.

No MSC Simufact, a criação da malha de superfície envolve elementos triangulares seguidos do mapeamento de elementos voxel hexaédricos sobre ela. Estes elementos voxel formam formas hexaédricas não distorcidas, facilmente adaptáveis a contornos complexos. Inicialmente, o elemento hexaédrico é composto por oito pontos gauss que formam um cubo, que pode ser subdividido em 27 pontos de controlo. Utilizando uma abordagem de fração de volume, os elementos voxel contêm uma fração sólida e, com base num valor especificado, determinados elementos podem ser removidos. Consequentemente, a rigidez do elemento tem de ter em conta esta fração de volume. O Simufact Additive automatiza o processo de criação de malhas de superfície; em alternativa, os utilizadores podem optar por criar novamente a malha da geometria utilizando outro software de pré-processamento [102].

O Simufact Additive destaca-se como uma solução de software versátil e abrangente, concebida para modelar processos de fabrico aditivo baseados em metal. Serve como uma ferramenta de apoio para garantir a produção exacta e bem sucedida de peças de fabrico aditivo desde o início.

- Condições pós-impressão, tratamentos térmicos, remoção da placa de base e das estruturas de suporte.
- Avaliação da deformação no componente fabricado e na placa de base.
- Otimização da direção de construção e da colocação da estrutura de suporte.
- Identificação de falhas de peças com base em critérios específicos.
- Atenuação das tensões residuais nos componentes.
- Estimativa dos custos associados ao processo.

O pacote de software MSC Apex Generative Design é totalmente automatizado e integra-se perfeitamente com o Simufact Additive, permitindo aos utilizadores simular previamente todo o processo de fabrico. Esta integração fornece aos utilizadores designs prontos para o fabrico aditivo, resultando em poupanças significativas tanto de material como de custos.

i. O solucionador de problemas Simufact Additive ajuda-o a resolver os seguintes desafios na impressão 3D de metais:

a. Diminuição acentuada das distorções durante o fabrico. b.Diminui as tensões residuais, evitando potenciais falhas. c.Melhora a relação custo-eficácia e a orientação óptima da construção.

ii. Conceito eficaz

A abordagem multi-escala do Simufact Additive combina várias técnicas numa única plataforma de software, abrangendo processos mecânicos rápidos e análises transientes altamente fiáveis que ligam a termodinâmica à mecânica. Esta integração assegura o mais elevado nível de fiabilidade na simulação de resultados através de uma vasta gama de metodologias, proporcionando uma visão abrangente e precisa dos processos de fabrico aditivo.

iii. Software para fins especiais

O Simufact Additive destaca-se como uma solução de software excecional concebida especificamente para simular processos de fabrico aditivo (AM)

iv. A melhor GUI da sua classe

O Simufact Additive oferece uma interface gráfica de utilizador (GUI) fácil de utilizar que dá prioridade a uma experiência perfeita e amigável para o cliente. A interface é adaptável, atendendo aos requisitos específicos da máquina e da aplicação, assegurando que os diálogos e as funcionalidades se alinham eficazmente com as necessidades operacionais do processo de fabrico específico.

v. Tecnologia sofisticada

O Simufact Additive capitaliza a tecnologia do solucionador MARC bem testada da MSC:

- Uma solução de simulação numérica não linear de ponta
- Abrangendo uma gama diversificada de física
- Melhorado especificamente para aplicações AM

A simulação desempenha um papel vital na otimização dos resultados e na redução significativa dos custos de desenvolvimento e produção. O Simufact Additive é um software fiável e escalável, especialmente para modelar procedimentos de fabrico aditivo à base de metal. As suas capacidades de previsão ajudam a identificar e a resolver problemas durante o processo de impressão, melhorando o processo global de fabrico aditivo. Este software prevê o stress induzido pela sinterização e potenciais falhas, oferecendo informações sobre potenciais áreas problemáticas. A simulação, executada utilizando a máquina AM250 da Renishaw, envolve a importação da peça para o sistema e a geração dos suportes necessários. A aplicação de materiais da biblioteca, as condições de construção, a remoção de suportes e a variação dos parâmetros do processo fazem parte do processo de simulação [103].

i. Amostra sem o tratamento

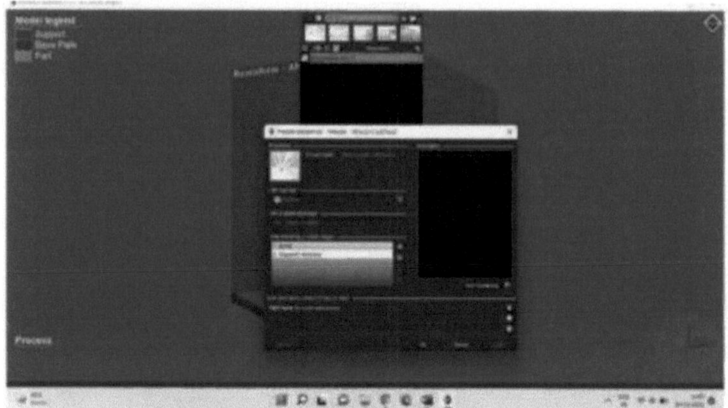

Figura 4.11 Seleção do processo

O processo de simulação envolve passos iniciais onde são fornecidas as estruturas de construção e de suporte e, posteriormente, a peça é importada através da interface do browser. Os suportes são gerados especificamente para a peça importada, enquanto a placa de base já é designada para a peça em questão. Materiais como AlSilOMg, SS316L e pó IN-718 são aplicados aos componentes, seleccionados a partir de uma gama diversificada disponível na biblioteca de materiais do software. Estes materiais desempenham um papel crucial no processo de simulação do fabrico aditivo, influenciando a integridade estrutural e as características dos componentes finais impressos.

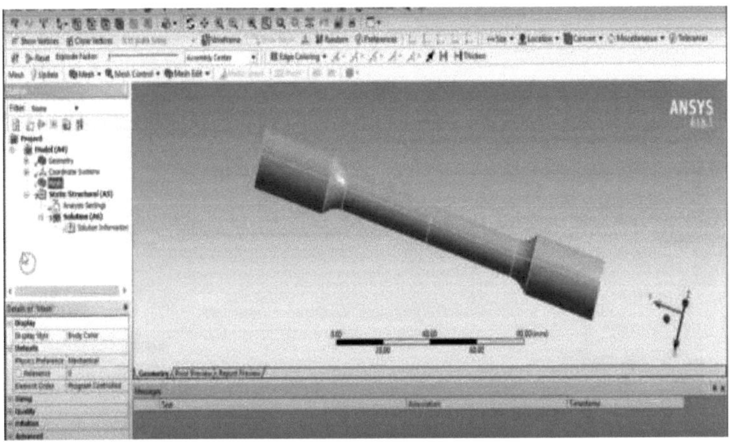

Figura 4.12 Componente

As condições de construção do componente, representadas na Figura 4.12, são definidas no processo de simulação. Além disso, o processo de remoção de suporte é aplicado à peça, um passo essencial para otimizar o design do componente final. Os parâmetros do processo, como a espessura da camada, a velocidade do laser, a potência do laser e o espaçamento das hachuras, são ajustados de acordo com requisitos específicos. No contexto da simulação, um "voxel" refere-se a um valor posicionado numa grelha estruturada no espaço tridimensional. A disposição destes voxels constitui a estrutura de malha volumétrica conhecida como malha de voxels. Esta malha de voxels funciona em conjunto com a malha de superfície, que é inicialmente aplicada por defeito. Posteriormente, a malha de voxels é gerada sobre o componente. Após a execução destes passos, o procedimento é iniciado e o resultado é fornecido no formato especificado, como representado na Figura(4.13)

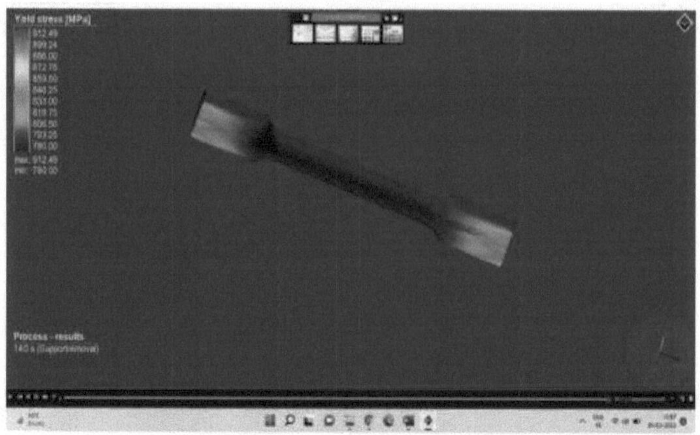

Figura 4.13 Tensão de cedência

4.8 Materiais

Para estudar o impacto das diferentes configurações da fusão selectiva a laser nas características mecânicas de um material, estão a ser examinados três materiais distintos.

> AlSilOMg

> SS316L

> IN 718

4.8.1 Liga de alumínio -AlSilOMg

A liga AlSil0Mg-0403 consiste em alumínio ligado com silício, contendo até 10% de silício juntamente com pequenas quantidades de magnésio, ferro e outros elementos menores. A adição de magnésio ajuda na formação de precipitados de Mg2Si, tornando a liga notavelmente mais forte do que o alumínio puro. Este material apresenta uma excelente resistência à corrosão devido à geração espontânea de uma camada de óxido na sua superfície, aumentando ainda mais a sua durabilidade através da anodização química. A sua resistência superior, a condutividade térmica eficiente e as propriedades de leveza fazem com que seja a escolha preferida em várias indústrias, como a automóvel, a aeroespacial, a refrigeração eletrónica e os produtos de consumo. Estas ligas são normalmente utilizadas na fabricação e prototipagem de diversos componentes, tais como carcaças, peças de motores, condutas, ferramentas de produção e moldes. O pó da liga Renishaw AlSil0Mg-0403 foi utilizado especificamente para a investigação em causa [104].

4.8.2 Liga de aço inoxidável - SS316L

O aço inoxidável de grau 316 é uma liga austenítica portadora de molibdénio comummente utilizada, conhecida pelas suas propriedades de resistência à corrosão. A adição de molibdénio aumenta significativamente a sua resistência global a várias formas de corrosão, especialmente contra a corrosão por picadas e fendas em ambientes de cloreto. Esta qualidade específica é frequentemente utilizada no fabrico de componentes soldados de grande espessura. Composto principalmente por crómio (16-18%), níquel (10-12%) e molibdénio (2-3%), com vestígios de silício, fósforo e enxofre (todos inferiores a 1%), oferece uma resistência notável contra ataques localizados de cloreto e corrosão ácida geral, como o ácido sulfúrico. Para além da sua resistência à corrosão, o grau 316 apresenta uma dureza, tenacidade, maquinabilidade e durabilidade geral excepcionais. As suas diversas aplicações incluem a utilização em matrizes de extrusão, instrumentos cirúrgicos, cutelaria, injeção de plástico e moldes de fundição sob pressão [105].

4.8.3 Superligas

As superligas destacam-se como ligas complexas e de elevado desempenho, concebidas para resistir a ambientes agressivos, especialmente a temperaturas elevadas. São constituídas principalmente por níquel, cobalto ou ferro como elementos de base, associados a vários elementos de liga como o crómio, o titânio e metais refractários. Conhecidas pela sua excecional resistência à corrosão, à fluência e à resistência mecânica, particularmente em condições de alta temperatura, estas ligas são vitais, embora de fabrico mais dispendioso e complexo do que as ligas normais. A sua importância reside em aplicações críticas em sectores como o aeroespacial, onde os componentes têm de suportar temperaturas extremas. Especificamente concebidas para operações a alta temperatura, as superligas devem manter as suas propriedades estruturais mesmo a temperaturas próximas dos seus pontos de fusão (mais de 650°C), assegurando uma elevada resistência, estabilidade e resiliência contra a corrosão e a oxidação através de uma liga precisa com elementos específicos [106].

As superligas são geralmente divididas em três categorias principais com base na sua composição e base elementar:

- Superligas à base de níquel
- Superligas à base de cobalto
- Superligas à base de ferro

4.8.3.1 Superligas de Inconel 718

Na década de 1960, a International Nickel Company introduziu o "Inconel 718 (IN718)", uma liga à base de níquel celebrada pela sua capacidade de endurecimento por envelhecimento. O IN718 destaca-se como uma superliga que demonstra uma notável resistência à fissuração por envelhecimento e possui uma soldabilidade notável. Mesmo quando submetida a temperaturas intensas, próximas dos seus pontos de fusão, esta liga mantém propriedades mecânicas e químicas louváveis. Com uma gama de temperaturas de funcionamento que vai de -257°C a 704°C, a IN718 apresenta uma força impressionante, uma elevada resistência à corrosão e uma excecional resistência à fluência. A sua designação como "superliga" é atribuída a estas características excepcionais, posicionando a IN718 para várias aplicações em centrais nucleares, turbinas a gás, motores de aviões e câmaras de combustão [107].

Capítulo 05

Resultados e discussão

As amostras de AlSilOMg foram criadas utilizando vários métodos, incluindo o fabrico aditivo, a fundição em areia e a fundição por gravidade. Após o fabrico, foi efectuada uma série de análises mecânicas e metalúrgicas distintas a estas amostras. No caso específico das amostras de fabrico aditivo (AM), foi utilizado o processo de fusão selectiva a laser durante a produção. Apresentamos de seguida as observações e conclusões resultantes destas análises.

5.1 Análise da composição química

A Tabela 5.1 apresenta uma comparação das composições químicas entre as amostras fabricadas e as amostras padrão. Ao examinar as amostras fabricadas aditivamente em comparação com a amostra padrão, parece haver uma variação mínima observada. No entanto, na fundição injectada por gravidade, observam-se variações notáveis, particularmente nos elementos Si e Cu. O impacto destas alterações nos elementos sobre as propriedades químicas é desenvolvido a seguir.

- **Silício -** De acordo com a norma ASTM, o teor de silício (Si) nas ligas de alumínio situa-se tipicamente num intervalo de 9,1-11,0. No entanto, os resultados experimentais obtidos mostram um teor de Si de 11,92, ligeiramente superior a este intervalo. A adição de silício nas ligas de alumínio é conhecida por reduzir a contração destas ligas durante a solidificação. No entanto, é importante notar que esta inclusão afecta apenas minimamente a resistência à corrosão das ligas. Quando o silício sofre expansão durante o processo de solidificação, contribui para a contração do próprio material de alumínio.
- **Cobre -** A presença de cobre na liga contribui para aumentar a sua resistência, preservando a ductilidade. De acordo com a norma ASTM, o intervalo especificado para o cobre (Cu) é normalmente de cerca de 0,05, e os resultados experimentais obtidos indicam um valor ligeiramente inferior de 0,048. No entanto, é importante notar que a adição de cobre à liga pode reduzir a sua resistência à corrosão.
- **Magnésio -** O magnésio, apesar de ser mais leve que o alumínio, apresenta características de resistência semelhantes. De acordo com a

norma, o intervalo aceite para o magnésio (Mg) é de cerca de 0,29, enquanto os resultados experimentais indicam um valor ligeiramente inferior de 0,28. O magnésio tem a capacidade de aumentar o módulo de elasticidade e oferece boas propriedades de resistência à corrosão. Em composições de ligas com um baixo teor de magnésio (cerca de 24%), a capacidade de fundição tende a ser fraca; no entanto, isto melhora quando o teor de magnésio é mais elevado, atingindo até 12%.

- **Níquel** - De acordo com a norma ASTM, o intervalo aceite para o níquel (Ni) é de 0,006, enquanto o cálculo experimental produziu um valor ligeiramente superior de 0,16. Uma maior quantidade de níquel na liga contribui para aumentar a sua resistência e ductilidade.
- Estanho - De acordo com a norma ASTM, o estanho (Sn) varia normalmente em torno de 0,1 na composição da liga de alumínio. No entanto, os resultados experimentais divergem notavelmente, medindo apenas 0,001. Apesar deste teor mínimo, a inclusão de estanho melhora significativamente a maquinabilidade da liga de alumínio, contribuindo positivamente para o seu processo de fabrico.

Sr. Não.	Elemento	Norma ASTM		Resultado experimental			
		AM	GDC	AM [Orientação vertical].	AM [Orientação horizontal].	GDC	SC
01	Si	9.0 11.1	6.5-7.5	11.92	9.93	7.1	11.38
02	Fe	0.18	0.5	0.092	0.048	0.266	0.56
03	Cu	0.04	0.24	0.047	0.27	0.073	0.016
04	Mn	0.003	0.34	0.12	0.039	0.536	1.217
05	Mg	0.292	0.21 0.46	0.27	0.27	0.383	0.161
06	Ni	0.005	0.34	0.15	0.042	0.236	0.071
07	Ti	0.1	0.24	0.014	0.017	0.112	0.128
08	Al	Equilíbrio	Equilíbrio	87.20	9.93	91.082	86.22

Tabela 5.1: Composição química do espécime de AlSilOMg

5.2 Ensaio de tração

Os ensaios de tração foram realizados em espécimes produzidos através do fabrico aditivo e dos métodos tradicionais, seguindo a norma ASTM E8/E8M. Estes espécimes, medindo 120 mm de comprimento e 12,7 mm de diâmetro, conforme ilustrado na Figura 5.1, foram comparados na

Tabela 5.2 relativamente às variações da resistência à tração e do alongamento percentual entre as amostras de fabrico aditivo e as amostras de fabrico convencional (Figura 5.2). Em particular, os espécimes fabricados horizontalmente apresentaram uma resistência à tração final e uma percentagem de alongamento mais elevadas em comparação com os espécimes fundidos convencionalmente e fabricados verticalmente (Figura 5.3). Foi observada a importância do espaçamento das escotilhas, um parâmetro crítico nos espécimes fabricados aditivamente com diferentes orientações. A orientação horizontal com um menor espaçamento entre escotilhas demonstrou uma área de defeito menor na superfície da fratura. No entanto, um maior espaçamento das hachuras aumentou a sobreposição da camada interior, criando lacunas que impediram a ligação entre camadas, levando à falha da peça.

Tabela 5.2: Propriedades de tração do AISilOMg fabricado através de fabrico convencional e aditivo

N.º Sr.	Identificação da amostra	UTS (MPa)	% de alongamento
01	AM [Orientação vertical]	326	4.2
02	AM [Horizontal Orientação].	401	4.2
03	GDC	25	2.5
04	SC	145	1.03

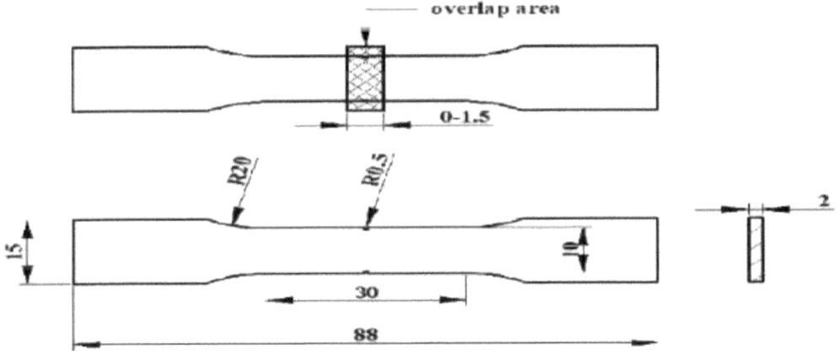

Figura 5.1 Desenho do provete de ensaio de tração

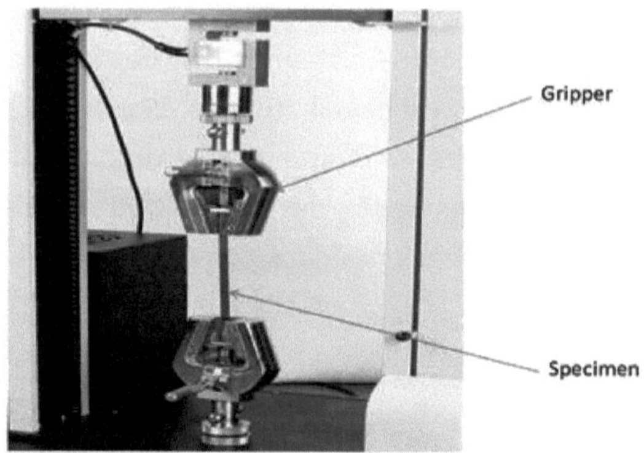

Figura 5.2 Montagem para ensaio de tração na FSA M100

Figura 5.3 Espécime para ensaio de tração

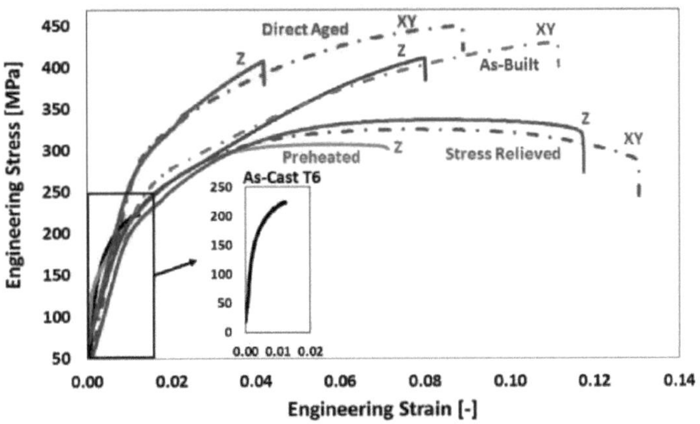

Figura 5.4 Curva tensão-deformação doAISilOMg

Os resultados destacam variações significativas na tensão de tração dos espécimes com base nos seus métodos de fabrico e orientações. No caso do fabrico aditivo, a amostra apresenta uma tensão de tração mais elevada de aproximadamente 336,77 MPa na orientação vertical e uma tensão mais elevada de 401,89 MPa na orientação horizontal, marcando um notável aumento de 19% na resistência entre orientações (Figura 5.4). Em comparação com as ligas de alumínio por gravidade e por fundição em areia, a amostra de fabrico aditivo apresenta uma melhoria de resistência de 30%. Este aumento da tensão de tração é atribuído às partículas de tamanho de grão fino introduzidas através do processo de fabrico aditivo, mostrando uma natureza anisotrópica devido à fusão selectiva a laser. Em particular, os espécimes fabricados horizontalmente apresentam uma resistência à tração superior devido a uma maior ligação entre camadas, enquanto os orientados verticalmente apresentam uma ligação entre camadas mais fraca, o que resulta numa menor resistência à tração e numa maior suscetibilidade à rutura. O espécime de orientação horizontal demonstra um alongamento mais elevado de aproximadamente 4,30%, indicando uma melhor ductilidade. Por outro lado, os espécimes de fundição em areia e por gravidade tendem a fraturar mais cedo, possivelmente devido a factores como a presença de película de óxido, uma microestrutura não homogénea e o volume de partículas de Si na superfície após tensão de tração. Observa-se que um aumento da porosidade reduz parâmetros como a resistência à tração final, a tensão de cedência e o alongamento até à fratura nestes espécimes fundidos.

5.3 Ensaio de dureza

O exame de dureza realizado nas amostras de fundição e de fusão selectiva por laser indicou uma diferença notável na dureza entre os espécimes fabricados aditivamente e o material de fundição tradicional. Esta disparidade deveu-se principalmente à formação de grãos e microestruturas mais pequenos durante o processo de fusão selectiva a laser, que levou à rápida solidificação das partículas de pó. Além disso, foram observadas diferenças na orientação da construção - especificamente, entre as orientações vertical e horizontal. No caso da orientação vertical da construção, foi identificada uma dureza significativamente mais elevada de 112 Vickers Hardness Number (VHN) no centro do espécime. Estes resultados sublinham a influência da direção de construção na dureza resultante e realçam as propriedades materiais distintas dos espécimes fabricados aditivamente em comparação com os moldados tradicionalmente.

Tabela 5.3: Dureza em função do processo de fabrico

N.º Sr.	Identificação da amostra	Dureza em VHN
01	AM [Orientação vertical]	112 VHN
02	AM [Orientação horizontal]	106 VHN
03	Fundição injectada por gravidade	101 VHN
04	Fundição em areia	70 VHN

A Tabela 5.3 mostra os valores de dureza da liga de alumínio AlSi10Mg em vários métodos de fabrico. A formação de partículas finas e esféricas de silício através do envelhecimento desempenha um papel crucial na melhoria das propriedades mecânicas da liga. Nos processos de fabrico aditivo em que os espécimes são construídos camada a camada, a dureza resultante é aproximadamente 60% superior à dos espécimes produzidos através de fundição por gravidade ou fundição em areia. Esta disparidade deve-se principalmente à variação das taxas de arrefecimento entre camadas consecutivas durante o fabrico de aditivos, o que leva a uma microestrutura sem equilíbrio nos espécimes fabricados. Em contraste, na fundição por gravidade e na fundição em areia, o material é aquecido e vertido em moldes, onde a temperatura do alumínio vertido afecta a dureza. A temperatura mais elevada dentro dos moldes resulta em taxas de arrefecimento mais lentas, influenciando a formação de uma estrutura de grão mais fino. A dureza e a suscetibilidade à fissuração do espécime sob baixa tensão de tração são afectadas pelas taxas de arrefecimento desiguais em diferentes secções durante ambos os processos de fundição, enfatizando ainda mais o papel das taxas de arrefecimento na determinação das propriedades do material.

5.4 Análise da microestrutura

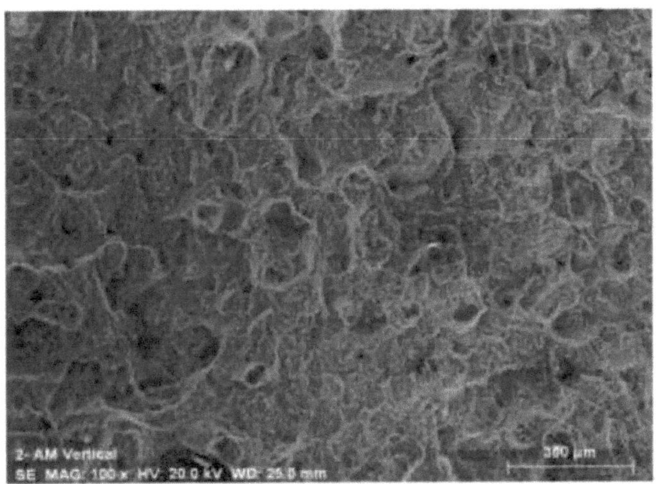

Figura 5.5 Imagem SEM da amostra de orientação vertical

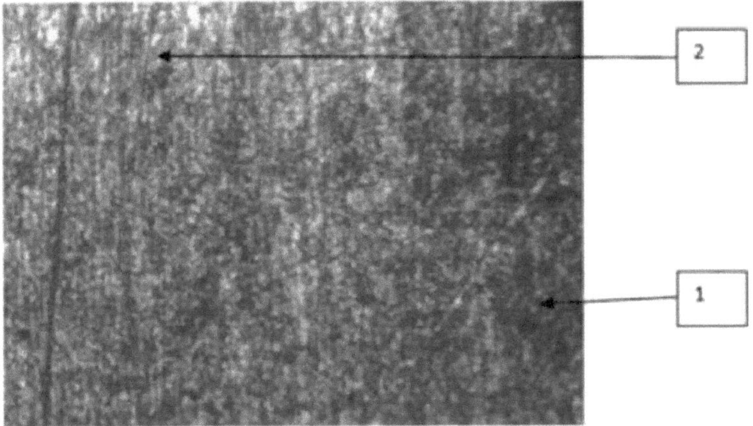

Figura 5.6 Microscopia ótica de ampliação de 200X que inclui; 1) Camada de película de óxido 2) Orientação na direção vertical

A imagem da Figura 5.5 apresenta uma vista de perto, ampliada 2000 vezes, mostrando uma amostra numa orientação vertical. Nota-se que existem alguns restos de partículas de pó não totalmente fundidas e poros abertos na superfície, dando-lhe um aspeto irregular. Além disso, existe uma pequena área côncava onde duas partículas esféricas de pó parecem estar incompletamente fundidas. Em contraste, a Figura 5.6, capturada através de microscopia ótica com uma ampliação de 200X, mostra a camada de óxido e o alinhamento dos grãos na vertical. Após o polimento com solução de Keller, esta imagem também revela a formação de uma camada de óxido na superfície. Notavelmente, são observados poros maiores mais próximos da borda, identificados como poros de linha de fronteira, que podem levar a fracturas quando os níveis de tensão aumentam. Estes poros, devido à sua proximidade da borda, tendem a sofrer uma deformação uniforme à medida que a tensão aumenta.

Figura 5.7 Imagem SEM da amostra de orientação horizontal

Ao examinar a amostra de orientação horizontal, como se mostra nas Figuras 5.7 e 5.8, a superfície da fratura parece notavelmente rugosa e irregular, caracterizada por uma fenda profunda que se estende numa direção consistente. Sob uma maior ampliação, esta superfície fracturada apresenta uma pequena covinha e uma região mais suave no meio da sua rugosidade. A presença de partículas finas de pó não fundido, uma camada de óxido sobre estas partículas e regiões não delimitadas são observadas como iniciadores de fissuras. A imagem SEM da amostra orientada horizontalmente também indica necking, um estreitamento do material devido ao teste de tração. Apesar disso, a amostra apresenta um elevado alongamento, o que sugere uma fratura dúctil e não frágil durante o ensaio. Além disso, observam-se na superfície pequenas covinhas que lembram a fase eutéctica rica em Si, juntamente com uma área côncava relacionada com partículas esféricas que não derreteram totalmente durante o processo de fusão selectiva a laser. Estas descobertas apontam para características distintas dentro do material, indicando fases e características específicas dentro da superfície fracturada da amostra.

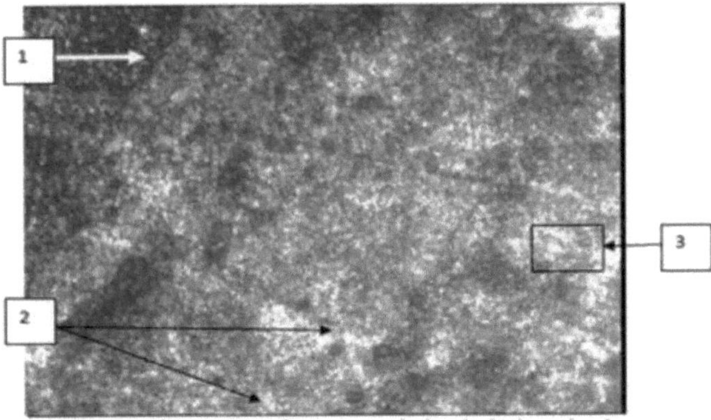

Figura 5.8 Microscopia ótica de ampliação de 200X que inclui: 1) Película de óxido preto na superfície, 2) Partículas de Si 3) Estrutura de dendrite.

Erro! Fonte de referência não encontrada.

A imagem SEM da amostra orientada horizontalmente, ampliada a 2000X, revela uma superfície maioritariamente coberta por covinhas finas acompanhadas por poros irregulares. Esta amostra em particular foi submetida a um exame de microscopia ótica com uma ampliação de 200X, revelando estruturas dendríticas com partículas de Si e uma película de óxido preto visível na superfície, conforme ilustrado na Figura 5.8. No entanto, o espécime Gravity Die Casting, como se mostra na Figura 5.9 através de imagens SEM, apresenta a direção do ensaio de tração juntamente com algumas covinhas, mas não foram observados sinais de porosidade. Além disso, sob microscopia ótica com ampliação de 200X (Figura 5.10), o mesmo espécime exibe partículas de Si e formação de bolhas de óxido, provavelmente devido ao ar aprisionado. Esta análise mostra várias características estruturais e fenómenos presentes nas amostras, oferecendo uma perspetiva das suas características e dos efeitos de diferentes métodos de ensaio nas suas propriedades observáveis.

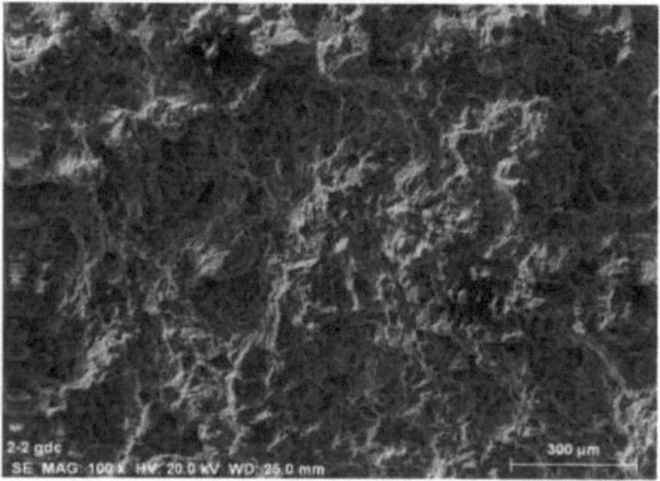

Figura 5.9 Imagem SEM da amostra de fundição injectada por gravidade

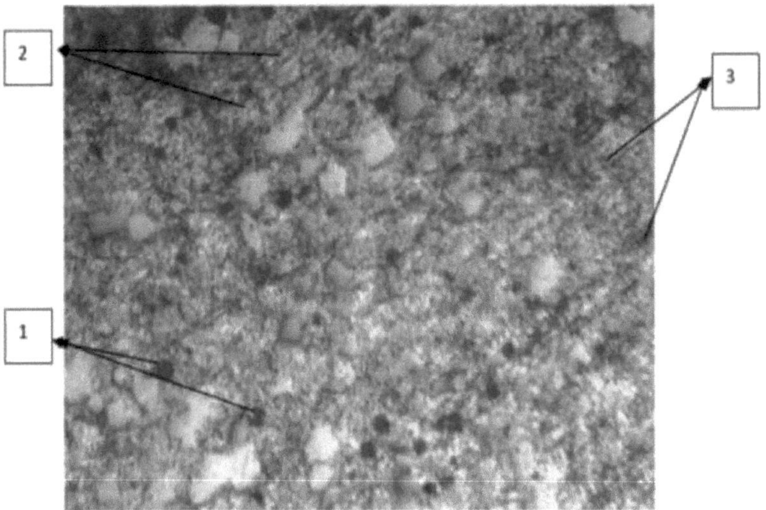

Figura 5.10 A microscopia ótica com ampliação de 200X inclui; 1) Partícula de Si 2) Formação de bolhas de óxido devido ao ar aprisionado 3) Direção da tensão de tração.

Ao observar a fundição sob pressão por gravidade (Figura 5.9 e Figura 5.10) juntamente com a microestrutura SC (Figura 5.11 e Figura 5.12), foram registadas disparidades significativas em termos de tamanho e forma. Nomeadamente, o espécime de fundição sob pressão por gravidade apresentou uma microestrutura mais fina atribuída à sua distribuição uniforme de fases intermetálicas e níveis relativamente mais baixos de porosidade. Esta caraterística é fundamental, uma vez que sugere que a resistência à tração e a ductilidade do espécime não são predominantemente influenciadas pela presença de porosidade. Em vez disso, a distribuição homogénea das fases intermetálicas desempenha um papel mais influente na determinação das propriedades mecânicas do material. Esta variação nas características microestruturais entre a fundição injectada por gravidade e a microestrutura SC sublinha a importância das técnicas de processamento do material e o seu impacto nas propriedades mecânicas resultantes.

Figura 5.11 Imagem SEM da amostra de fundição em areia

Figura 5.12 Microscopia ótica de ampliação de 200X inclui: 1) Si Partículas e 2) vazios devido ao ar aprisionado

5.5 Resultados e discussão da SS316L

Esta secção aborda a discussão pormenorizada dos resultados obtidos no processo de fusão selectiva a laser utilizado para o fabrico de aço inoxidável (SS316L). A tónica aqui reside na investigação da correlação entre os parâmetros do processo e as propriedades mecânicas do material, utilizando vários métodos de caraterização do material. Isto inclui um exame aprofundado das medições de densidade, ensaios de tração, análise da rugosidade da superfície, ensaios de dureza e resultados de caraterização abrangentes. Ao analisar minuciosamente estes aspectos, este estudo visa estabelecer uma compreensão clara do impacto dos diferentes parâmetros do processo nas propriedades mecânicas do SS316L, fornecendo informações valiosas sobre o seu fabrico e potenciais aplicações.

Parâmetros	Unidade	Nível 1	Nível 2	Nível 3
Potência laser	Watt	161	199	241
Poder fronteiriço	Watt	79	109	141
Tempo de exposição	Microssegundo	61	81	101
Espaçamento da escotilha	mm	0.07	0.12	0.15

Quadro 5.4 Nível de fusão selectiva por laser, parâmetros do processo

O processo de fusão selectiva a laser envolve quatro parâmetros cruciais: potência do laser, espaçamento das hachuras, potência da borda e tempo de exposição, cada um definido dentro de intervalos específicos. Para realizar experiências eficazes para o material em causa, foi utilizado o método de conceção de Taguchi, definindo estes parâmetros em três intervalos diferentes, conforme descrito na Tabela 5.4. A matriz L9 foi escolhida para o planeamento da experimentação, detalhado na Tabela 5.5, para criar espécimes através da fusão selectiva a laser, como se mostra na Figura 5.13. Utilizando estes espécimes fabricados, a relação entre as variáveis do processo e as medidas de desempenho foi cuidadosamente investigada. Foram realizados ensaios de tração em amostras de aço inoxidável para avaliar a "medição da densidade", a "resistência à tração final (UTS)", a "rugosidade da superfície (SR)" e o "valor da dureza" como indicadores de desempenho. A medição da densidade, determinada pelo princípio de Arquimedes[1] , não só identifica substâncias puras, como também ajuda a estimar as concentrações de misturas, oferecendo informações vitais sobre a composição da mistura e assegurando o controlo de qualidade durante o fabrico. A compreensão da resistência à tração final é crucial em vários campos para prever o comportamento do material e garantir peças mais duradouras. A rugosidade da superfície, designada por Ra, desempenha um papel fundamental na prevenção de falhas prematuras, no desgaste e no aumento da atração estética dos componentes. Além disso, os ensaios de dureza são essenciais para a avaliação de materiais, controlo de qualidade e determinação da adequação dos componentes. Estas diversas medidas de desempenho contribuem coletivamente para uma compreensão abrangente do comportamento e desempenho do material sob diferentes parâmetros de fusão selectiva a laser.

Tabela 5.5 Matriz L9 para fusão selectiva por laser -SS316L

Sr . Não	Laser Potência (W)	Fronteira Potência (W)	Espaçamento das portinholas (mm)	Expositor Tempo (ps)
1	161	81	0.09	61
2	161	111	0.12	83
3	161	141	0.13	101
4	201	111	0.13	63
5	201	111	0.07	81
6	201	81	0.12	101
7	241	141	0.11	61
8	241	81	0.12	81
9	241	112	0.03	101

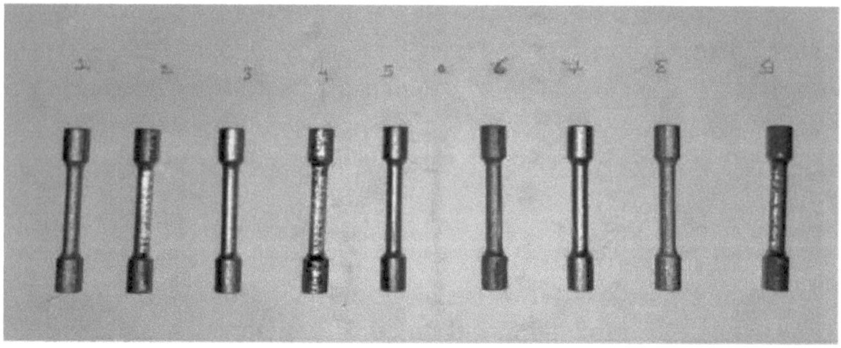

Figura 5.13 Provete SS316L

5.6 Medição da densidade da SS316L

A Tabela 5.6 mostra os valores de densidade dos 9 espécimes, com o objetivo de igualar a densidade teórica do SS316L de 7,99 g/cm^3 , mas foram observadas ligeiras discrepâncias. Entre estes espécimes, a densidade máxima atingida através do processo de fusão selectiva a laser atingiu 7,92 g/cm^3 , aproximando-se da densidade teórica. A gama de densidades observada variou entre 7,85 g/cm^3 e 7,92 g/cm^3 . De notar que a amostra da experiência número 9 apresentou a densidade mais baixa, 7,85 g/cm^3 , enquanto a experiência 7 apresentou a densidade mais elevada de todas as amostras. Estes resultados revelaram uma variação de aproximadamente 1% na densidade dos componentes fabricados por fusão selectiva a laser, quando comparada com a densidade teórica. Esta ligeira variação pode ser atribuída à formação de porosidade durante o processo de fabrico, influenciando as medições da densidade final.

Tabela 5.6: "Medidas de desempenho - densidade de acordo com a matriz L9

Exp. Não.	Laser Potência (W)	Fronteira Potência (W)	Espaçamento das portinholas (mm)	Tempo de exposição (ps)	Densidade (g/cm3)
1	162	81	0.07	63	7.86
2	163	111	0.12	81	7.96
3	166	142	0.15	120	7.83
4	202	115	0.12	61	7.62
5	201	142	0.07	82	7.93
6	202	83	0.12	120	7.82
7	249	143	0.12	61	7.92
8	244	85	0.13	81	7.93
9	245	119	0.07	110	7.82

5.7 Ensaio de tração deSS316L

Tabela 5.7 Medidas de desempenho - Propriedades de tração de acordo com a matriz L9

Sr. Não.	Laser Potência (W)	Potência de fronteira (W)	Espaçamento das portinholas (mm)	Tempo de exposição (ps)	Rendimento Tensão (MPa)	UTS (MPa)
1	161	83	0.07	60	561	672
2	162	113	0.12	80	528	672
3	162	142	0.12	100	485	641
4	201	112	0.11	60	445	582
5	201	142	0.01	80	551	684
6	201	82	0.12	100	512	693
7	241	141	0.12	60	533	716
8	241	81	0.11	80	522	708
9	242	112	0.02	100	473	677

Nove amostras foram submetidas a ensaios de tração utilizando uma máquina de ensaios universal (UTM) digital da Make-FIE, modelo-UTES 60-TS. Foram efectuados cálculos para determinar as propriedades mecânicas, tais como a resistência ao escoamento, a resistência à tração final e a % de alongamento, de acordo com a norma E8 da American Society for Testing and Materials (ASTM). Foram observadas variações dignas de nota na resistência ao escoamento e na resistência à tração final entre as amostras. Especificamente, a amostra da experiência 7 apresentou a maior resistência à tração final, enquanto a amostra da experiência 4 apresentou a menor. Estas diferenças podem ser atribuídas ao aquecimento e arrefecimento irregulares do pó durante o processo de fabrico, levando a alterações microestruturais. Estas alterações influenciam diretamente as propriedades mecânicas do SS316L fundido seletivamente a laser, resultando consequentemente em variações na resistência à tração final e na resistência ao escoamento. A Tabela 5.7 apresenta uma visão geral das propriedades de tração da SS316L, enquanto as Figuras 5.14 e 5.15 mostram os resultados dos nove ensaios, juntamente com a variabilidade do processo de fabrico para estas medidas de desempenho.

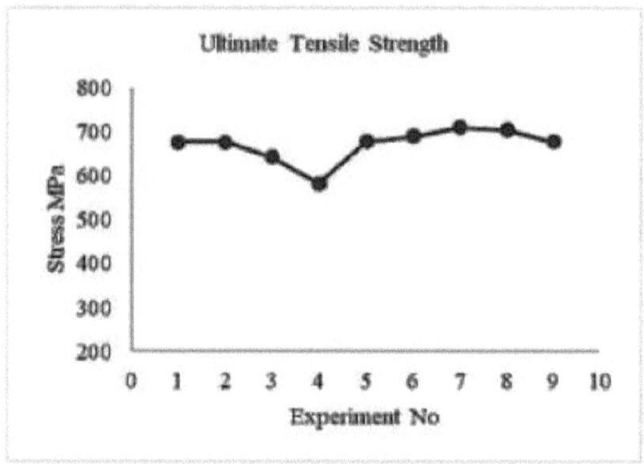

Figura 5.14 Resistência à tração final da SS316 L versus número de experiências

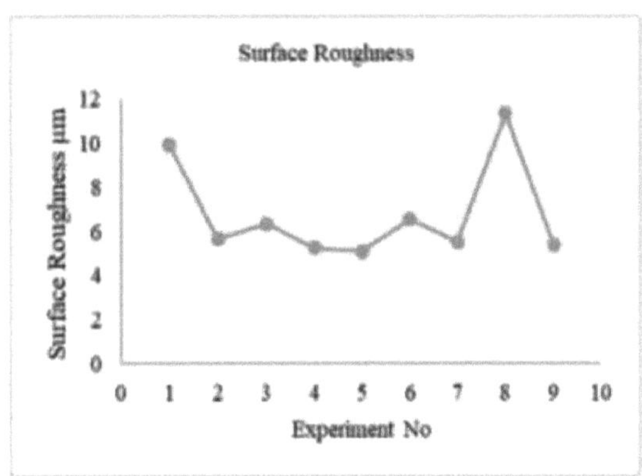

Figura 5.15 Rugosidade da superfície de SS316 L versus número de experiências

5.8 Ensaio de dureza de SS316L

A dureza das mesmas nove amostras fabricadas por fusão selectiva a laser foi avaliada através de testes de dureza. Para esta avaliação, foi utilizado um aparelho de teste de dureza Rockwell equipado com um indentador de esferas de aço de 1/16". Os valores de dureza medidos variaram entre 82 e 86, não apresentando variações significativas entre as amostras. Para garantir a exatidão, foram efectuadas três leituras de posições diferentes em cada amostra, tendo sido calculado e utilizado o valor médio. Estas medições de dureza, juntamente com os valores de rugosidade da superfície, estão detalhadas na Tabela 5.8, demonstrando os níveis consistentes de dureza observados nas amostras de SS316L fabricadas por fusão selectiva a laser.

Tabela 5.8: "Medidas de desempenho - Dureza e rugosidade da superfície de acordo com a matriz L9

Sr. Não.	Laser Potência (W)	Fronteira Potência (W)	Espaçamento das portinholas (mm)	Tempo de exposição (ps)	Dureza	S.R. (*V* m)
1	150	70	0.07	60	87	9.91
2	150	150	0.15	80	88	5.64
3	150	150	0.14	100	83	6.32
4	250	140	0.16	60	83	5.24
5	240	140	0.06	80	84	5.08
6	240	85	0.16	100	83	6.54
7	260	150	0.11	60	85	5.50

8	260	85	0.18	80	85	11.37
9	260	140	0.09	100	88	5.37

5.9 Rugosidade da superfície (Ra) de SS316L

Em várias aplicações de engenharia, a qualidade da superfície dos componentes desempenha um papel fundamental na sua funcionalidade e durabilidade. Os defeitos nas superfícies servem frequentemente como pontos de partida para potenciais roturas ou corrosão, tornando a rugosidade da superfície um indicador crucial do desempenho das peças mecânicas. Ra, que representa a rugosidade média de picos e vales microscópicos numa superfície, é uma medida de desempenho significativa amplamente utilizada em aplicações de engenharia. Utilizando um master de superfície, o espécime SS316L foi submetido a testes para avaliar a rugosidade da sua superfície. As observações revelaram que a rugosidade da superfície (Ra) da SS316L variava entre 5,09 e 11,36. Estas conclusões, que detalham os resultados da rugosidade da superfície correspondentes a diferentes experiências, estão descritas na Tabela 5.8. Estes dados realçam a variação dos níveis de rugosidade da superfície dos espécimes de SS316L, crucial para compreender o seu desempenho e funcionalidade em aplicações de engenharia.

5.10 Análise de variância de SS316L

A secção sobre a análise das variáveis do processo utiliza a relação sinal/ruído (relação S/N) para identificar os factores de controlo que minimizam a variabilidade devida a factores externos, designados por ruído. Os resultados desta análise são apresentados na Tabela 5.9 e na Tabela 5.12, revelando a influência de parâmetros de processo específicos na densidade, dureza, resistência à tração final e rugosidade da superfície de peças fundidas seletivamente a laser. Ao utilizar o delta, foram identificadas variáveis de processo com impacto significativo. As tabelas individuais de resposta sinal-ruído para a densidade, dureza, resistência à tração final e rugosidade da superfície são apresentadas nas Tabelas 5.10, 5.11, 5.12, 5.13 e 5.14, respetivamente. Estas tabelas descrevem os principais factores que afectam cada propriedade. O tempo de exposição surge como o principal fator que influencia a densidade, seguido do espaçamento das hachuras. No caso da dureza, a potência do laser tem a influência mais significativa em comparação com outros factores do processo. O espaçamento das hachuras é o fator que mais influencia a resistência à tração final, seguido da potência, enquanto as restantes variáveis têm uma importância secundária. Relativamente à rugosidade da superfície, a potência de fronteira tem precedência, seguida da potência, do tempo de exposição e do espaçamento das hachuras na determinação do seu impacto. Estas conclusões esclarecem os parâmetros críticos do processo que determinam as propriedades das peças fundidas seletivamente a laser, fornecendo informações valiosas sobre a otimização dos processos de fabrico para melhorar as propriedades dos materiais.

Tabela 5.9: Rácio S/N da densidade e da dureza

Sr. Não.	Laser Potência (W)	Fronteira Potência (W)	Espaçamento das portinholas (mm)	Tempo de exposição (ps)	Rácio S/N de densidade	Rácio S/N de dureza
1	160	80	0.08	61	17.9155	38.8571
2	160	110	0.11	81	17.9774	38.7233
3	160	140	0.14	100	17.9114	38.6901
4	200	110	0.14	60	17.6654	38.2761
5	200	140	0.08	80	17.96904	38.5541
6	200	80	0.11	100	17.93995	38.6223
7	240	140	0.11	60	17.97035	38.6223
8	240	80	0.14	80	17.96745	38.7233
9	240	110	0.08	100	17.89705	38.5883

Tabela 5.10: Tabela de respostas para a densidade

Nível	Potência laser (W)	Potência de fronteira (W)	Espaçamento das portinholas (mm)	Tempo de exposição (ps)
1	17.931	17.942	17.936	17.857
2	17.861	17.853	17.964	17.975
3	17.942	17.953	17.855	17.924
Delta	0.091	0.101	0.112	0.124
Classificação	4	3	2	1

Tabela 5.И: Tabela de respostas para a dureza

Nível	Potência laser (W)	Fronteira Potência (W)	Espaçamento das portinholas (mm)	Tempo de exposição (gs)
1	38.761	38.595	38.735	38.671
2	38.485	38.676	38.535	38.664
3	38.645	38.635	38.624	38.562

Delta	0.2715	0.081	0.201	0.102
Classificação	1	4	2	3

Tabela 5.12: "Rácio S/N de UTS e Dureza

N.º Sr.	Laser Potência (W)	Fronteira Potência (W)	Espaçamento das portinholas (mm)	Tempo de exposição (gs)	Rácio S/N de UTS	Relação S/N de SR
1	160	80	0.0811	60	56.61741	-19.93485
2	160	110	0.111	80	56.62185	-15.04150
3	160	140	0.141	100	56.17385	-16.028521
4	200	110	0.141	60	55.32575	-14.40232
5	200	140	0.081	80	56.63555	-14.134204
6	200	80	0.111	100	56.78258	-16.32408
7	240	140	0.111	60	56.05168	-14.6056
8	240	80	0.141	80	56.98198	-21.10276
9	240	110	0.08	100	56.63745	-14.82309

Quadro 5.13: Quadro de respostas para o UTS

Nível	Laser Potência (W)	Fronteira Potência (W)	Espaçamento das portinholas (mm)	Tempo de exposição (gs)
1	56.475	56.579	56.563	556.33
2	556.25	56.19	556.82	56.75
3	556.89	556.62	56.16	56.53
Delta	0.654	0.60	0.66	0.41
Classificação	2	3	1	4

Tabela 5.14: "Tabela de resposta para a rugosidade da superfície"

Nível	Potência laser (W)	Fronteira Potência (W)	Espaçamento das portinholas (mm)	Tempo de exposição (gs)
1	-17.00	-19.12	-16.23	-16.39
2	-14.95	-14.69	-15.40	-16.76
3	-16.85	-15.00	-17.18	-15.66
Delta	2.05	4.44	1.78	1.10
Classificação	2	1	3	4

5.11 Análise de regressão do SS316L

A análise de regressão é uma ferramenta matemática utilizada para estabelecer relações entre variáveis de entrada e de saída. Neste estudo, a análise de regressão foi utilizada para ligar as variáveis de desempenho às variáveis do processo, examinando especificamente a ligação entre "potência do laser, tempo de exposição, potência da borda e espaçamento das hachuras" e as propriedades de resistência à tração final e rugosidade da superfície. Utilizando o software estatístico Minitab, foi desenvolvida uma equação de regressão linear para explorar e quantificar as correlações entre estes parâmetros de processo e as propriedades mecânicas e de superfície resultantes das peças fundidas seletivamente a laser. Esta análise ajuda a compreender como as alterações nos parâmetros de fabrico influenciam a resistência à tração final e a rugosidade da superfície, fornecendo informações valiosas sobre a otimização destas variáveis para as características desejadas do material.

As equações 5.1 e 5.2 ilustram a correlação:

$$UTS = 659 + 0{,}812P + 0{,}341T - 0{,}220BP - 564HS \quad (5.1)$$

$$SR = 13{,}22 + 0{,}0024P + 0{,}0202T - 0{,}0506BP + 14{,}1HS \quad (5.2)$$

"Em que P é a potência do laser em watts, T é o tempo de exposição em microssegundos, BP é a potência de fronteira em watts e HS é o espaçamento das hachuras em mm."

5.12 "Formulações de Problemas Multi-Objectivos" da SS316L

Num cenário multi-objetivo, o problema é delineado com foco em dois factores críticos: "Resistência à tração final (UTS)" e "Rugosidade da superfície (SR)". As aplicações de engenharia exigem uma elevada resistência à tração e uma baixa rugosidade da superfície. Para resolver este problema, uma equação matemática derivada da análise de regressão associa estas variáveis. Aqui, o objetivo é minimizar a rugosidade da superfície enquanto se procura simultaneamente maximizar a resistência à tração final. O objetivo é encontrar um equilíbrio em que o material apresente propriedades de elevada resistência, mantendo ao mesmo tempo um acabamento de superfície suave, em conformidade com os requisitos de várias aplicações de engenharia.

Equação 5.1 e equação 5.2 utilizadas para a formação do problema multi-objetivo: Sujeito a

40 < Densidade de energia laser < 100J/mm3

Sujeito a

LaseraPower = densidade da Lasera - espaçamento de varrimento * *velocidade* Senn * *espessura da camada* £5-3)

O quadro 5.15 foi utilizado para a formulação do objetivo.

Tabela 5.15: "Limites dos parâmetros do processo para a otimização"

Parâmetros	Inferior Ligado	Limite superior
Potência laser (W)	161	250
Potência de fronteira (W)	81	130
Espaçamento das portinholas (mm)	0.07	0.24
Tempo de exposição (ps)	61	110

5.13 Otimização de SS316L

A Figura 5.16 apresenta um gráfico de Pareto, que ajuda a identificar o melhor resultado quando se lida com múltiplos objectivos. Neste caso, o objetivo é minimizar a rugosidade da superfície e, simultaneamente, aumentar a resistência à tração final. Para se alinhar com o nosso objetivo de minimizar os valores, a resistência à tração final é apresentada no eixo X de forma negativa. Foram efectuados ajustamentos à equação para garantir a obtenção do valor máximo para as especificações do nosso problema, mostrando assim o valor da rugosidade da superfície no eixo Y. De acordo com o gráfico e a Tabela 5.16 correspondente, os valores óptimos alcançados para o ensaio de tração final são de 704 MPa, enquanto a rugosidade da superfície atinge 4,17 pm. Estes valores representam o equilíbrio ótimo alcançado tanto para a resistência à tração final como para a rugosidade da superfície, cumprindo os objectivos definidos para esta análise.

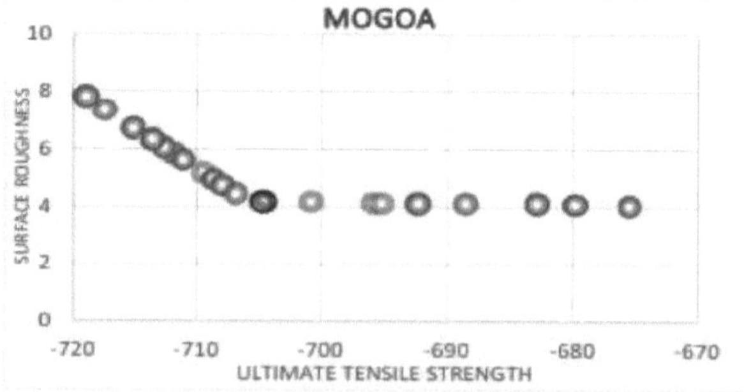

Figura 5.16 Frente de Pareto para Otimização Multi-Objetivo

5.14 Validação da SS316L

A aplicação da otimização Grasshopper foi utilizada para obter resultados óptimos no processo de fabrico. Posteriormente, foram produzidas novas amostras utilizando estes parâmetros de processo optimizados, conforme ilustrado na Figura 5.17. Após o fabrico destas novas amostras, as medidas de desempenho foram registadas e analisadas. Notavelmente, foram observadas melhorias significativas nos resultados obtidos com estes parâmetros optimizados. Isto realça a eficácia e o sucesso da utilização da Otimização Grasshopper na melhoria do desempenho e da qualidade das amostras fabricadas, apresentando avanços substanciais no resultado global.

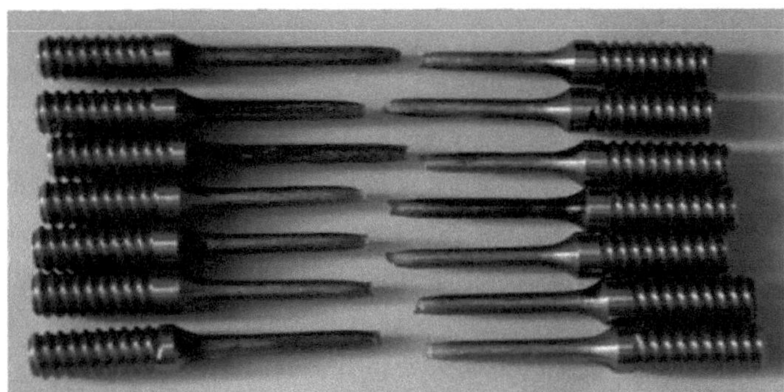

Figura 5.17 "Provete após ensaio de tração"

Desempenho Medida	Laser Potência (W)	Fronteira Potência (W)	Escotilha Espaçamento (mm)	Tempo de exposição (gs)	Melhor resultado de GOA	Experimentação final
UTS (MPa)	234	141	0.18	110	714	708
SR (gm)					4.16	4.48

Tabela 5.16: Comparação dos resultados experimentais e da otimização Grasshopper

5.15 Investigação microestrutural de SS316L

Ao examinar o impacto dos diferentes parâmetros do processo na microestrutura do material, torna-se crucial efetuar um estudo microestrutural. Para observar esta microestrutura ao microscópio ótico, foram efectuados passos específicos de preparação das amostras. Foi utilizado um corte abrasivo de precisão para seccionar as amostras, seguido de uma retificação das suas superfícies utilizando folhas de SiC até 3000 grãos. A lapidação foi então efectuada com um lubrificante adequado. Posteriormente, as amostras foram meticulosamente limpas com água desionizada e etanol, seguindo-se o condicionamento com reagente eletrolítico de sulfato de amónio durante 30-50 segundos. Foram captadas imagens ópticas com ampliações de 100x e 400x. A microestrutura resultante, representada na Figura 5.18, revelou características distintas: dendritos longos que crescem paralelamente aos limites da poça de fusão. A maioria dos grãos apresentava uma rede celular fina, enquanto os grãos colunares nas amostras fundidas apresentavam uma tendência para crescer principalmente perpendicularmente aos limites da poça de fusão. Estas observações oferecem informações valiosas sobre as características microestruturais do material afectadas por vários parâmetros de fabrico, ajudando a compreender a sua influência nas propriedades finais do material.

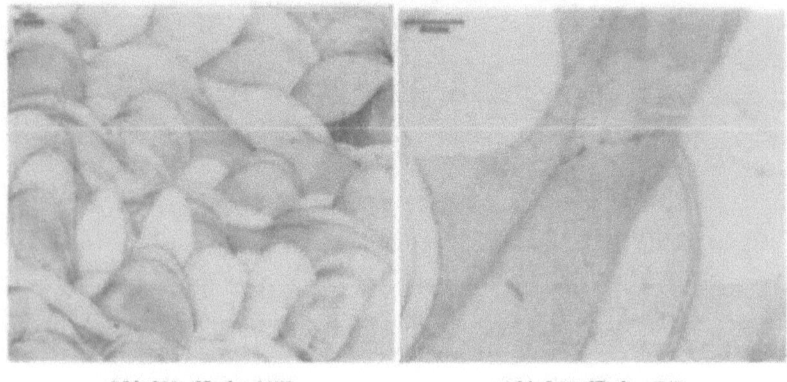

Figura 5.18 Imagem microscópica ótica de SS316L a 100X e 400X

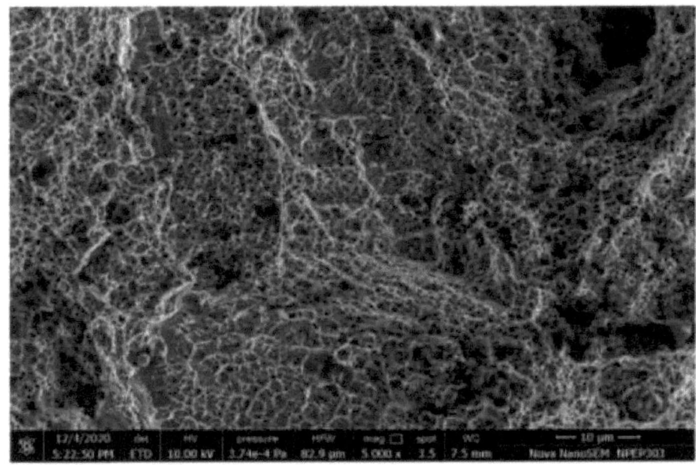

Figura 5.19 Superfície de fratura da SS316L sob a Exp. No.I

Após o ensaio de tração, foi realizada uma análise microestrutural detalhada das superfícies de fratura de todos os nove espécimes de tração, utilizando um microscópio eletrónico de varrimento (SEM). Cada amostra apresentou um comportamento microestrutural distinto, influenciado pela combinação única de parâmetros de processo utilizados durante o fabrico. A Figura 5.19 mostra a superfície de fratura do espécime n.º 1 da experiência SS316L após o ensaio de tração. O exame revelou uma estrutura de grão colunar juntamente com algumas partículas não fundidas presentes na superfície de fratura. Estas observações fornecem uma visão crítica do comportamento do material sob tensão e oferecem informações valiosas sobre as características microscópicas e o modo de fratura exibido pelo SS316L, específico para a combinação de parâmetros de processo utilizados no seu fabrico.

Figura 5.20 Superfície de fratura da SS316L na Exp. No.2

A Figura 5.20 mostra a superfície de fratura da experiência no 2 espécimes de SS316L após o ensaio de tração. A estrutura de grão colunar foi observada com algumas partículas não fundidas e alguns poros também foram observadosA Figura 5.20 mostra a superfície de fratura da experiência de 2 espécimes de SS316L após o ensaio de tração. A estrutura de grão colunar foi observada com algumas partículas não fundidas e alguns poros também foram observados

Figura 5.21 Superfície de fratura da SS316L na Exp. n.º 3

Na Figura 5.21, vemos a superfície quebrada da SS316L do teste nº 2 depois de a desmontar. Esta mostra formas de grão longas e esticadas, espaços vazios e partículas que não fundiram corretamente.

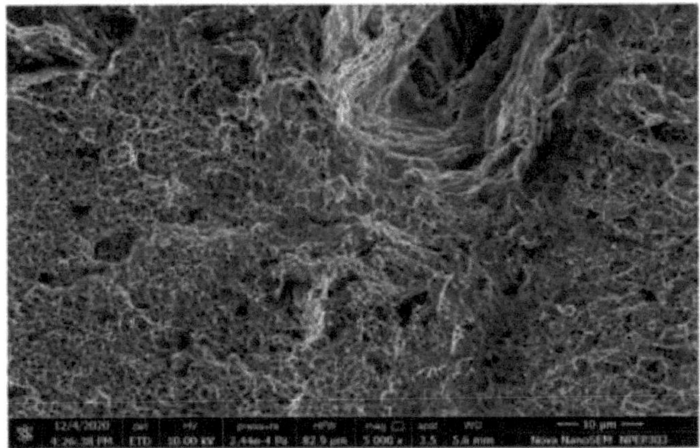

Figura 5.22 Superfície de fratura da SS316L na Exp. n.º 4

Na Figura 5.22, a superfície quebrada da SS316L do ensaio n.º 4 pós-esfriamento mostra uma estrutura de grão quebrada. O arrefecimento desigual resultou em covinhas mais profundas e mais largas.

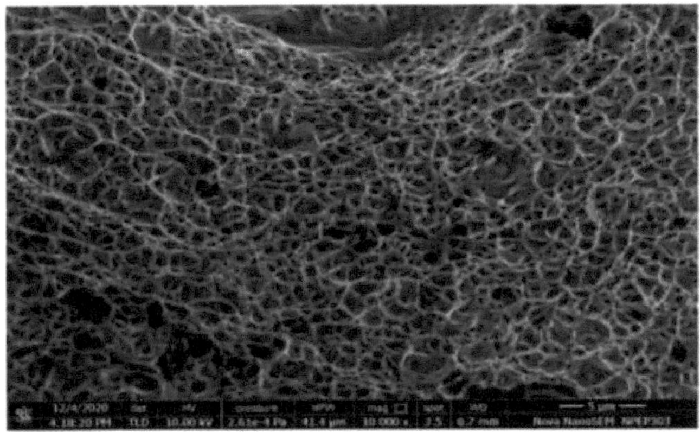

Figura 5.23 Superfície de fratura da SS316L na Exp. n.º 5

A Figura 5.23 mostra a superfície de fratura do SS316L do ensaio n.º 5, depois de o ter desmontado. A microestrutura revela padrões de grão organizados, com um mínimo de partículas de pó detectadas, evidenciando como os parâmetros do processo de fusão selectiva a laser afectam a estrutura do material.

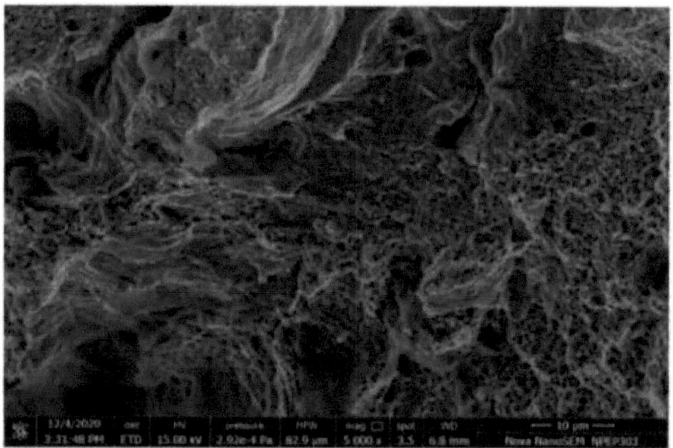

Figura 5.24 Superfície de fratura da SS316L sob a exp. n.º 6

Na Figura 5.24, a superfície fracturada do SS316L do ensaio n.º 6 pós-ensaio de tração revela uma estrutura de grão quebrada. O arrefecimento irregular deu origem a covinhas mais largas e mais rasas, mostrando como o arrefecimento afecta as características da superfície do material.

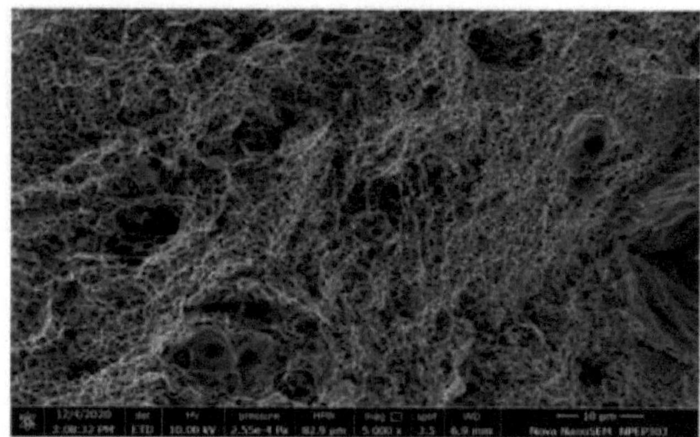

Figura 5.25 Superfície de fratura da SS316L sob a exp. n.º 7

As Figuras 5.25, 5.26 e 5.27 mostram as superfícies de fratura das experiências 7, 8 e 9. Estas revelam uma estrutura de grão colunar juntamente com partículas não fundidas na superfície.

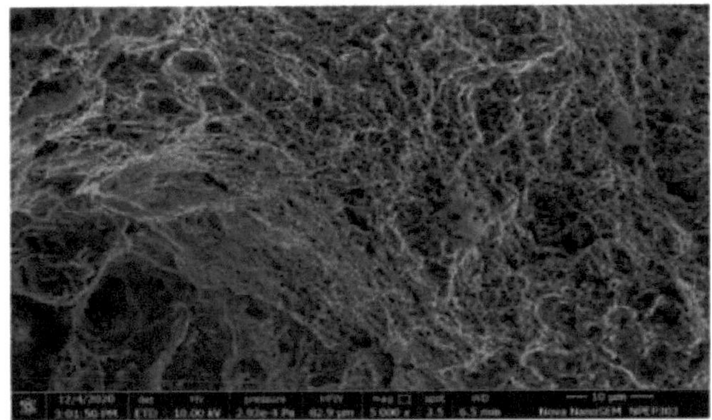

Figura 5.26 Superfície de fratura da SS316L sob o n.º de exp. 8

A Figura 5.26 mostra a superfície fracturada da SS316L da experiência n.º 8 após o ensaio de tração. Apresenta uma estrutura de grão colunar e a presença de partículas não fundidas.

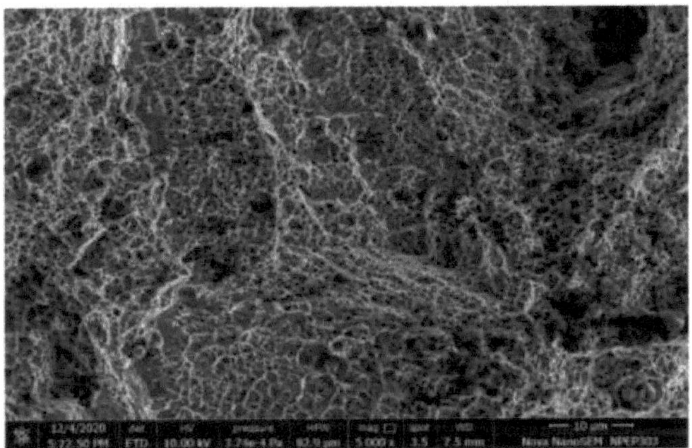

Figura 5.27 Superfície de fratura da SS316L sob a exp. n.º 9

As Figuras 5.19 a 5.27 apresentam imagens SEM do SS316L, enquanto as Figuras 5.28 e 5.29 mostram um estudo EDX e XRD para identificar os componentes do aço inoxidável. Os gráficos mostram um teor significativo de crómio, ferro e carbono. Utilizando uma máquina "FESEM-FEI Nova Nano SEM 450", as Figuras 5.20 e 5.25 mostram amostras de tração fracturadas das experiências 4 e 7, respetivamente. A experiência 4 revela imperfeições, partículas de pó não fundido e microporos na superfície da fratura, indicando uma fusão incompleta. A Figura 5.23

mostra uma estrutura de grão celular irregular, sugerindo falha dúctil com características de covinhas entre camadas. Em contraste, a Figura 5.25 mostra grãos colunares e padrões celulares intergranulares, indicando uma fratura totalmente dúctil com covinhas bem definidas na experiência 7. Estas descobertas realçam o impacto que os diferentes parâmetros de processamento têm no comportamento de fratura e na microestrutura do aço inoxidável SS316L.

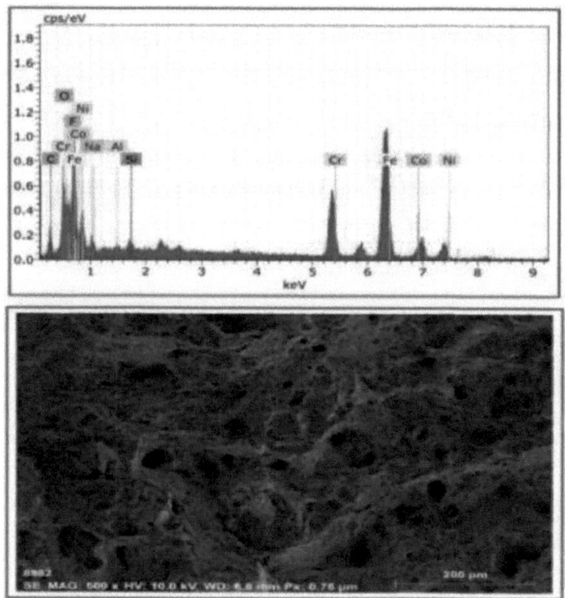

Figura 5.28 Análise EDS da SS316L

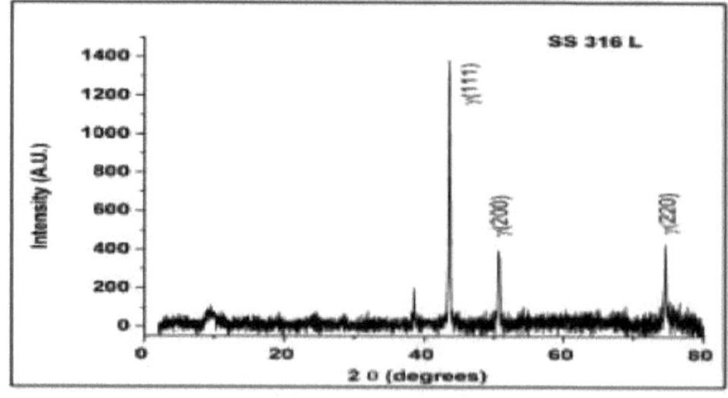

Figura 5.29 Análise XRD da SS316L

5.16 Simulação de SS316L

Nesta investigação, o software "Simufact Additive 2021" serviu de plataforma específica para simular a fusão selectiva a laser. As Figuras 5.30 e 5.31 apresentam um modelo CAD 3D dos provetes de tração utilizados nas simulações. Utilizando o software, o modelo foi importado para criar malhas, suportes e propriedades dos materiais, alterando simultaneamente as variáveis do processo para observação. Comparando os resultados da simulação com os resultados experimentais reais, estes revelaram uma semelhança notável, validando a exatidão do modelo de simulação na reprodução eficaz dos resultados do mundo real. Isto demonstra a capacidade do software para prever e alinhar-se com os resultados experimentais, aumentando a fiabilidade do processo de simulação na análise da fusão selectiva por laser.

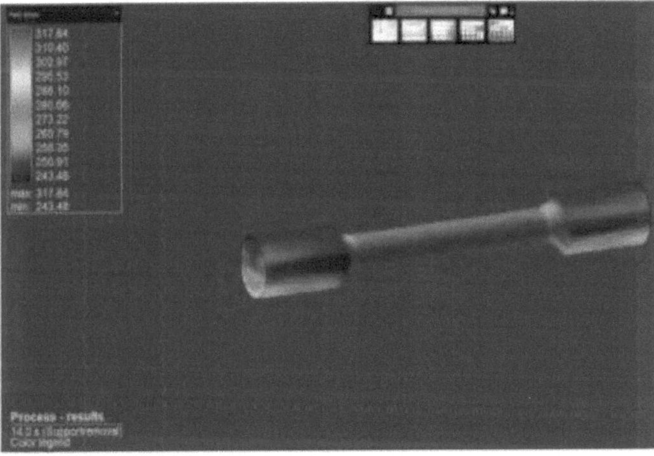

Figura 5.30 Resultado da simulação do provete Exp n.º 9

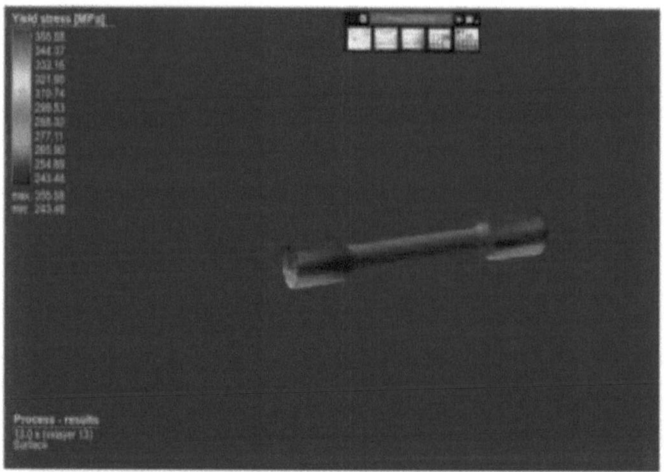

Figura 5.31: Resultado da simulação após a otimização

5.17 Resultados e discussão do Inconel 718 (IN718)

Os parâmetros do processo - potência do laser, tempo de exposição, potência da borda e espaçamento das hachuras - foram cuidadosamente escolhidos com base em descobertas de revisões bibliográficas completas para Inconel (IN718). O estudo investiga a forma como estes parâmetros se correlacionam com as medidas de desempenho através de métodos de caraterização do material, como a medição da densidade, o ensaio de tração, a rugosidade da superfície e o ensaio de dureza. À semelhança do SS316L, o Inconel foi submetido aos mesmos parâmetros de processo, mas com valores diferentes. O método de conceção experimental de Taguchi criou uma matriz ortogonal L9 (Tabela 5.18) para realizar as experiências de forma sistemática. Adicionalmente, foi utilizado um desenho padrão de um espécime de ensaio de tração para fabricar os espécimes de ensaio utilizando o processo de fusão selectiva a laser.

Tabela 5.17 Fusão selectiva por laser, níveis dos parâmetros do processo para IN718

Parâmetros	Nível 1	Nível 2	Nível 3
Potência laser (W)	314	343	344
Potência de fronteira (W)	278	324	375
Estimulação da escotilha (mm)	74	91	104
Tempo de exposição	1	21	24

(□m)			

5.18 Medição da densidade de IN718

A Tabela 5.19 apresenta as medições de densidade de 9 espécimes de IN718 produzidos por fusão selectiva a laser. A densidade teórica do IN718 é de 8,19 g/cm3 e o processo atingiu uma densidade máxima de 8,08 g/cm3, bastante próxima do valor teórico. A densidade varia entre 7,84 g/cm3 e 8,08 g/cm3, com a Experiência 7 a ter a densidade mais baixa (7,84 g/cm3) e a Experiência 9 a ter a mais alta em comparação com outras amostras. Existe uma variação de cerca de 1% entre a densidade dos componentes fabricados[1] e a densidade teórica, provavelmente devido à porosidade durante o processo de fabrico.

Tabela 5.18: "Fusão selectiva por laser, parâmetros do processo na matriz L9"

Sr. Não.	Potência (W)	Fronteira Potência (W)	Escotilha Espaçamento (□m)	Tempo de exposição (ps)
1	314	274	755	15
2	314	325	91	20
3	315	375	165	25
4	345	374	756	20
5	344	274	96	25
6	344	324	105	15
7	374	324	76	25
8	374	374	92	15
9	374	275	115	20

Tabela 5.19: Medida de desempenho - Densidade de acordo com a matriz L9

Sr. Não.	Potência (W)	Fronteira Potência (W)	Escotilha Espaçamento (□m)	Tempo de exposição (ps)
1	315	275	75	15
2	315	325	90	20
3	315	375	105	25
4	345	375	75	30
5	345	275	90	15
6	345	325	105	25
7	375	325	75	35
8	375	375	90	25
9	375	275	105	30

5.19 Ensaio de tração do IN718

Foram utilizados nove espécimes para a matriz L9 na realização de ensaios de tração, apresentados na Figura 5.32. Os parâmetros mecânicos, como a tensão de cedência, a tensão de rotura (UTS) e o alongamento percentual, foram medidos de acordo com as normas ASTM En8 e E8. Foram observadas variações consideráveis tanto na tensão de cedência como na UTS, com a UTS mais elevada observada no 9º espécime e a mais baixa no 7º. Estas variações podem resultar de um aquecimento e arrefecimento irregulares durante o fabrico do pó, conduzindo a alterações microestruturais que afectam a tensão de rutura e o limite de elasticidade do IN718 fundido seletivamente a laser, como é evidente nas diferenças observadas nas propriedades de tração apresentadas na Tabela 5.20. As Figuras 5.33 e 5.34 mostram os resultados dos nove ensaios e a variabilidade das medidas de desempenho devido às diferentes condições do processo.

Figura 5.32 Amostra IN718

Tabela 5.20: "Propriedades de tração do IN718 de acordo com a matriz L9"

N.º Sr.	Potência (W)	Fronteira Potência (W)	Escotilha Espaçamento (□m)	Tempo de exposição (ps)	Rendimento Tensão (MPa)	UTS (MPa)
1	316	275	75	15	720	1080
2	315	325	90	20	729	1078

3	314	375	105	25	730	1080
4	345	375	75	20	734	1081
5	345	275	90	25	731	1065
6	352	325	105	15	725	1059
7	366	325	75	25	635	1045
8	372	375	90	15	739	1082
9	357	275	105	20	736	1089

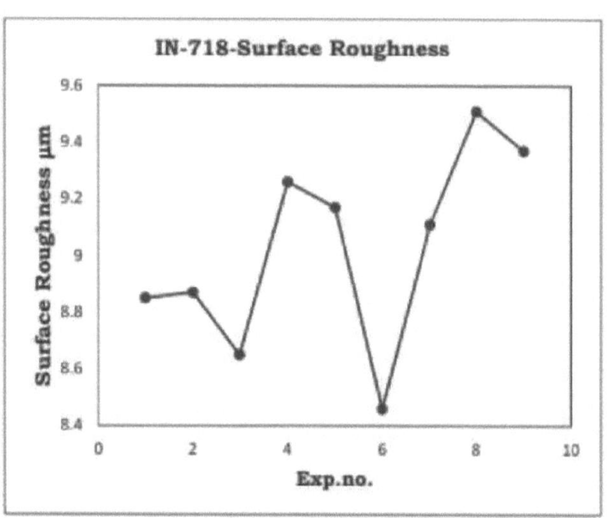

Figura 5.33 Rugosidade da superfície de IN718 versus N.º de experiência.

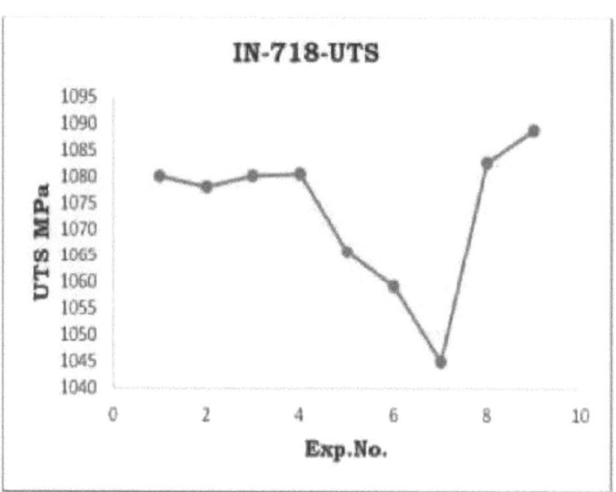

Figura 5.34 Resistência à tração final da IN718 em função do número de experiência.

5.20 Rugosidade da superfície de IN718

A avaliação da rugosidade da superfície foi efectuada em amostras de Inconel 718 (IN718) fundidas seletivamente a laser, reconhecendo o seu impacto significativo na funcionalidade e eficácia do produto. A investigação destacou a rugosidade da superfície como um fator crítico que influencia as propriedades mecânicas, controlado através de processos aditivos e parâmetros específicos. A Tabela 5.21 destaca o projeto de experiências centrado em medidas de desempenho como a dureza e a rugosidade da superfície. As Figuras 5.33 e 5.34 apresentam os resultados e as variações destas medidas nos nove estudos. Os valores de Ra da rugosidade da superfície, medidos utilizando um mestre de rugosidade da superfície, variaram entre 8,46 e 9,51 pm. De notar que os espécimes da Experiência Nº 6 apresentaram a menor abrasão superficial entre as amostras testadas.

5.21 Ensaio de dureza da IN718

O exame dos mesmos 9 espécimes IN718 avaliou a sua dureza através de um aparelho de teste de dureza Rockwell. Utilizando um indentador de esfera de aço de 1/16" na escala Rockwell B, a dureza foi determinada, variando entre 98 e 101. Nomeadamente, não foram observadas alterações significativas ao longo destas medições. Para garantir a precisão, foram efectuadas três leituras em pontos diferentes de cada espécime, tendo sido considerados os seus valores médios. Os valores de dureza e de rugosidade da superfície para o IN718 estão detalhados na Tabela 7.5, reflectindo a consistência observada nas medições de dureza dos provetes.

Tabela 5.21: "Conceção da experiência - medidas de desempenho Dureza & Rugosidade da superfície"

N.º Sr.	Potência (W)	Fronteira Potência (W)	Escotilha Espaçamento (□m)	Tempo de exposição (ps)	Dureza (RC)	S.R. (pm)
1	312	271	75	15	20	8.851
2	315	322	90	20	21	8.871
3	314	371	105	25	23	8.651
4	344	374	75	20	20	9.261
5	344	274	90	25	21	9.172
6	344	324	105	15	19	8.462
7	344	324	75	25	20	9.112
8	374	374	90	15	22	9.512
9	374	274	105	20	21	9.372

5.22 Análise de variância de IN718

As Tabelas 7.6 e 7.7 apresentam os resultados da análise da relação sinal-ruído, descrevendo a forma como os parâmetros específicos do processo afectam a densidade, a dureza, a rugosidade da superfície e as propriedades de tração dos espécimes fundidos seletivamente a laser. O delta, que significa a variação entre os valores máximo e mínimo, ajuda a identificar os parâmetros críticos do processo. As Tabelas 7.8 e 7.9 mostram a rugosidade da superfície e a resistência à tração final, revelando que o laser

N.º Sr.	Potência (W)	Fronteira Potência (W)	Escotilha Espaçamento (Dm)	Tempo de exposição (ps)	Dureza (RC)	S.R. (pm)
1	314	275	75	15	20	8.851
2	314	325	90	20	21	8.871
3	314	375	105	25	23	8.655
4	344	375	75	20	20	9.265
5	344	275	90	25	21	9.175
6	344	325	105	15	19	8.463
7	374	325	75	25	20	9.111
8	344	375	90	15	22	9.512
9	344	275	105	20	21	9.374

influencia significativamente a rugosidade da superfície, enquanto o tempo de exposição desempenha um papel crucial na resistência à tração final após a potência limite. Para além disso, foram observadas partículas não fundidas na superfície, resultantes de processos irregulares de fusão e arrefecimento, durante as avaliações da rugosidade da superfície. A manutenção de um espaçamento constante entre as hachuras mostrou formas consistentes de poças de fusão e valores de rugosidade reduzidos. Os processos de fusão e refusão podem afetar a rugosidade, minimizando os efeitos de "balling" que aumentam a rugosidade da superfície. O "efeito de esferificação" observado na fusão selectiva a laser influencia significativamente a precisão da superfície durante o fabrico.

Tabela 5.22: "Rácio S/N de SR, Dureza e UTS"

Sr. Não.	Potência (W)	Fronteira Potência (W)	Espaçamento da portinhola (pm)	Tempo de exposição (ps)	Rácio S/N de Densidade
1	314	275	75	15	17.961
2	314	325	90	20	18.0013
3	314	375	105	25	18.0717

4	344	375	75	20	18.1119
5	344	275	90	25	18.0411
6	344	325	105	15	17.9515
7	374	325	75	25	17.88613
8	374	375	90	15	18.0212
9	374	275	105	20	18.14812

As Tabelas 5.24 a 5.27 apresentam tabelas de resposta sinal-ruído que destacam os factores significativos que influenciam a rugosidade da superfície, a resistência à tração final (UTS), a dureza e a densidade. As tabelas identificam os parâmetros críticos para estas características. A potência da borda tem a maior influência sobre a UTS, seguida da dureza, afetada pelo espaçamento das hachuras. O tempo de exposição destaca-se como crucial para a densidade, seguido do espaçamento das hachuras e do tempo de exposição. A potência do laser parece ter um impacto menor em geral. Estes resultados realçam os factores-chave que influenciam as diferentes propriedades dos materiais no processo de fusão selectiva a laser.

Tabela 5.23: Rácio S/N da densidade

N.º Sr.	Potência (W)	Fronteira Potência (W)	Espaçamento da portinhola (pm)	Tempo de exposição (ps)	Rácio S/N de densidade
1	314	274	74	15	17.9535
2	314	324	94	20	18.0573
3	314	374	145	25	18.0527
4	344	374	74	20	18.1459
5	344	274	90	25	18.0501
6	344	324	155	15	17.9425
7	374	323	76	25	17.8863
8	374	373	91	15	18.0292
9	374	273	15	20	18.1482

Tabela 5.24: "Respostas da rugosidade da superfície"

Nível	Potência laser (W)	Escotilha Espaçamento (pm)	Expositor Tempo ftis)	Poder fronteiriço (W)
1	-18.88	*19.15	*19.02	-19.2]
2	*19.04	*19.26	*19 24	*18.90
3	*19.40	*18.91	*19.06	*19.2]
Delta	0.52	0.35	0.23	0.31
Classificaç	1	2	4	3

ão				

Quadro 5.25: "Resposta à resistência à tração final"

Nível	Laser Potência (W)	Hiikh Espaçament o (pm)	Tempo de exposição (P)[5]	Potência de fronteira (W)
I	60.66	60.58	60.62	60.65
2	60.58	60.63	60.69	60.51
3	60.60	60.64	60.54	60.68
Delta	0.09	0.06	0.15	0.17
Classificaçã o	3	4	2	1

Tabela 5.26: Resposta à dureza

Nível	Laser Potência (W)	Espaçamento entre escotilhas (□m)	Tempo do expositor P(s)	Fronteira Potência (W)
1	26.57	26.021	26.15	26.30
2	26.01	26.581	26.30	26.01
3	26.4	26.4211	26.57	26.70
Delta	0.5	0.56	0.42	0.69
Classificaçã o	3	2	4	1

Quadro 5.27: Resposta para a densidade

Nível	Laser Potência (W)	Potência de fronteira (W)	Espaçamento das portinholas P(m)	Tempo de exposição (Os)
1	18.011	17.991	17.981	18.05 1
2	18.041	18.013	18.091	17.915
3	18.021	18.061	18.001	18.017
Delta	0.021	0.071	0.111	0.112
Classificaçã o	4	3	2	1

5.23 Análise de regressão de IN718

A análise de regressão criou uma equação linear utilizando o software Minitab, mostrando como os parâmetros do processo (potência do laser, tempo de exposição, potência da borda e espaçamento das hachuras) se relacionam com as medidas de desempenho da resistência à tração final

(UTS) e da rugosidade da superfície. Estas equações, 5.4 e 5.5, estabelecem uma correlação entre estas variáveis de processo e as propriedades mecânicas e de superfície resultantes do material, oferecendo uma perspetiva de como as alterações nestes parâmetros afectam o comportamento e a qualidade do material.

UTS = 1104 - 0,122 P + 0,251 Я S - 1,04 T + 0,029 BP (5.4)

SR = 6,56 + 0,00900 P - 0,00822 HS + 0,0037 T + 0,00010 BP (5,5)

Em que P é a potência do laser em watts, T é o tempo de exposição em microssegundos, BP é a potência de fronteira em watts e HS é o espaçamento das hachuras em microns".

Tabela 5.28: "Limites dos parâmetros do processo para otimização"

Parâmetros	Limite inferior	Limite superior
Potência laser (W)	3215	377
Espaçamento das portinholas (Dm)	75	155
Tempo de exposição (ps)	15	255
Potência de fronteira (W)	276	374

5.24 Otimização de IN718

O "gráfico de Pareto" representado por Error! Reference source notfound. apresenta a solução mais favorável para um problema multi-objetivo, minimizando a rugosidade da superfície (SR) e aumentando simultaneamente a resistência à tração final (UTS). Embora a UTS esteja representada no eixo X de forma negativa devido ao desenho da equação para minimização, o nosso objetivo é obter resultados máximos. Para alinhar com o nosso objetivo, a equação foi modificada para apresentar o valor SR no eixo Y. Os valores óptimos alcançados para a UTS e o SR são 1087 MPa e 8,6 pm, respetivamente, como se destaca na Tabela 5.28.

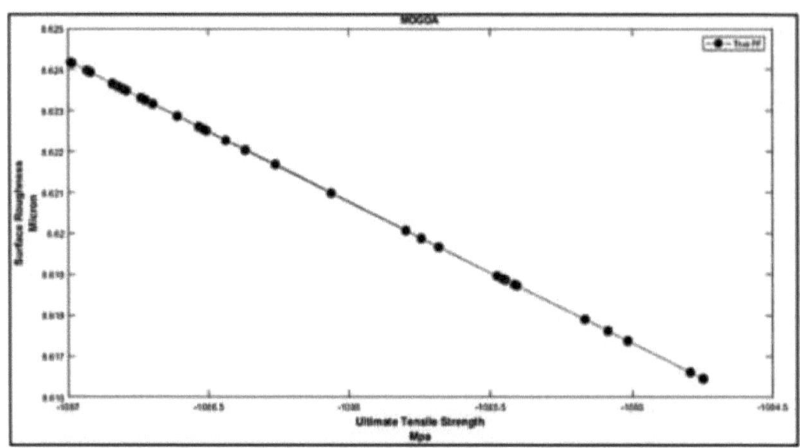

Figura 5.35 Frente de Pareto para Otimização Multi-Objetivo

5.25 Validação da IN718

A aplicação da otimização Grasshopper produziu melhorias significativas nos resultados. Após a utilização destes parâmetros de processo optimizados, foram produzidas novas amostras e o seu desempenho foi meticulosamente avaliado. Notavelmente, estes novos resultados exibem melhorias substanciais em comparação com os resultados anteriores, o que significa a eficácia dos parâmetros optimizados na melhoria do desempenho global.

5.26 Análise microestrutural de IN718

A análise de várias medidas de desempenho em nove experiências revela combinações distintas de parâmetros de processo. A análise microestrutural revela-se crucial para compreender o impacto destes parâmetros. Utilizando a tecnologia de conação, os microscópios metalúrgicos ópticos inspeccionaram a microestrutura do IN 718. Para a observação ao microscópio ótico, a preparação da amostra incluiu o corte de precisão, o polimento com papéis SiC até ao grão 3000, a limpeza com água desionizada e etanol, seguida de gravação durante 30-50 segundos utilizando um reagente HCL a 5%. As imagens ópticas a 100x e 400x revelaram longas dendrites alinhadas com os bordos da poça de fusão, com predominância de grãos finos que formam uma rede celular nesta microestrutura (Figura

5.36).

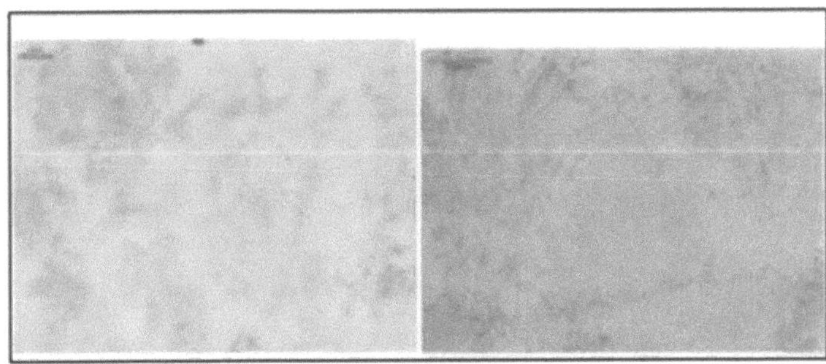

Figure 5.36 Optical Microscopic Image of a IN718 at 100X and 400X

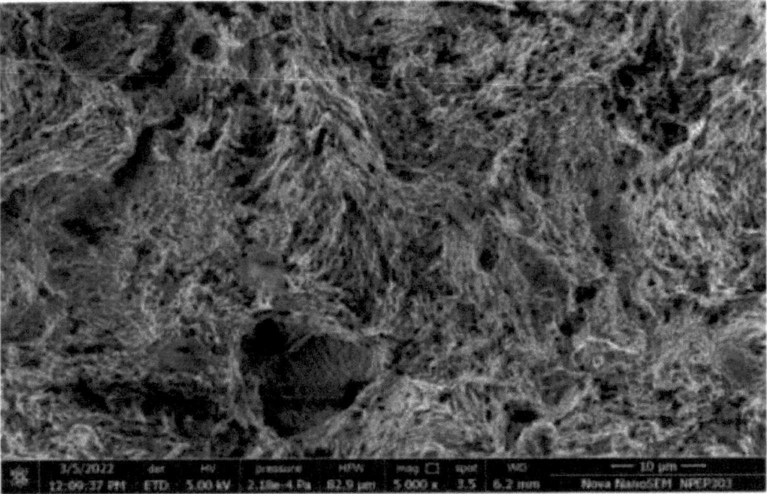

Figura 5.37 Superfície de fratura da IN718 sob a exp. n.º *1*

Após o ensaio de tração, as superfícies de fratura foram submetidas a uma análise microestrutural utilizando um microscópio eletrónico de varrimento para diferenciar as características microscópicas e os modos de falha dos nove espécimes. Cada espécime exibiu um comportamento microestrutural único devido a combinações variadas de parâmetros do processo. Na Figura 5.37, que representa a superfície de fratura da experiência no. I de IN718 após o ensaio de tração, é evidente uma estrutura de grão colunar, acompanhada por partículas não fundidas e vazios, enfatizando diversas características estruturais sob investigação.

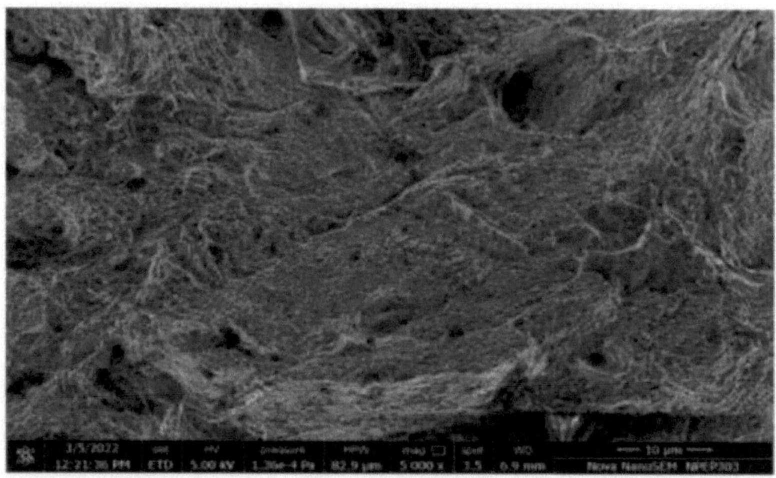

Figura 5.38 Superfície de fratura da IN718 sob a exp. n.º 2

A liga Inconel 718 As-Fabricated, produzida através de fusão selectiva a laser, atinge frequentemente densidades relativas superiores a 99,5 por cento. Esta elevada densidade deve-se principalmente à morfologia esférica das partículas utilizadas, um fator crucial que contribui para a criação de componentes totalmente densos ao longo do processo de fusão selectiva a laser. Na Figura 5.38, a fractografia da amostra da experiência apresenta grandes espaços vazios e uma estrutura de grão celular irregular, realçando irregularidades estruturais significativas no material.

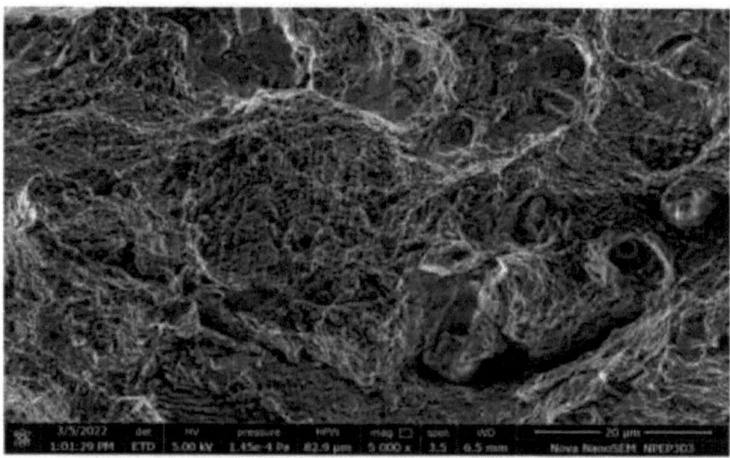

Figura 5.39 Superfície de fratura da IN718 sob a exp. n.º 3

As amostras IN718, produzidas através de fusão selectiva a laser, apresentam um tamanho de partícula fino devido ao rápido processo de fusão e solidificação pelo laser. O arrefecimento irregular durante a produção das amostras resulta em partículas de pó não fundidas visíveis. Durante os ensaios mecânicos, as microfissuras iniciam-se em áreas frágeis devido à acumulação de tensões, levando a uma rutura rápida. Isto provoca o desenvolvimento de covinhas pouco profundas com tamanhos mais pequenos, resultando numa menor resistência final em comparação com o IN718 forjado. A fratura em Inconel apresenta características dúcteis com padrões de fratura com covinhas distintas e coalescência de microvazios (Erro! Fonte de referência não encontrada, Figura 5.41, e Figura 5.42). O principal mecanismo de fratura envolve a rutura de covinhas intergranulares iniciada pela formação de microvazios em descontinuidades de deformação localizadas, muitas vezes vistas como depressões tipo taça no material.

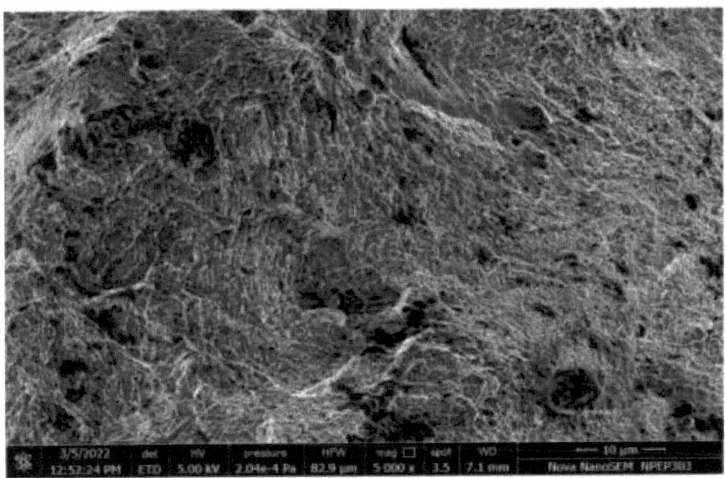

Figura 5.40 Superfície de fratura da IN718 sob a exp. n.º 4

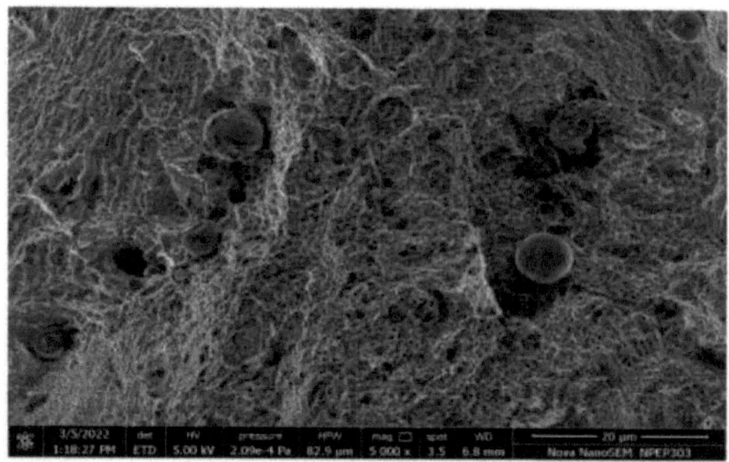

Figura 5.41 Superfície de fratura da IN718 sob a exp. n.º 5

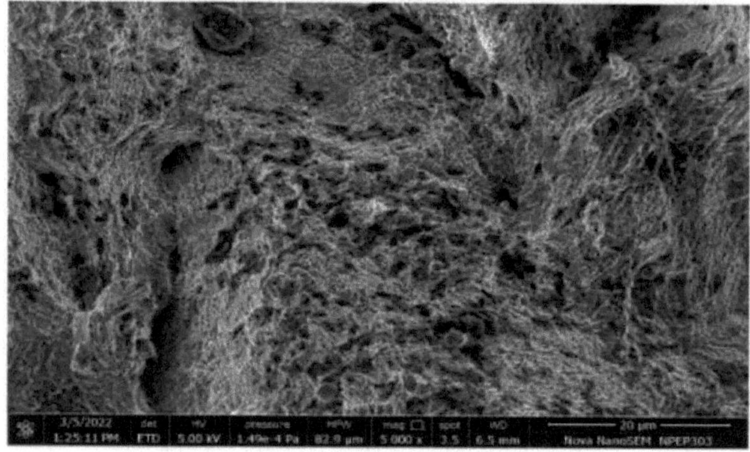

Figura 5.42 Superfície de fratura da IN718 sob a exp. n.º 6

Figura 5.43 Superfície de fratura da IN718 sob a exp. n.º 7

A Figura 5.43 apresenta a superfície de fratura dos espécimes IN718 da experiência número 7 após o ensaio de tração. É evidente uma variação distinta na estrutura do grão em comparação com outros espécimes, mostrando partículas não fundidas e vazios.

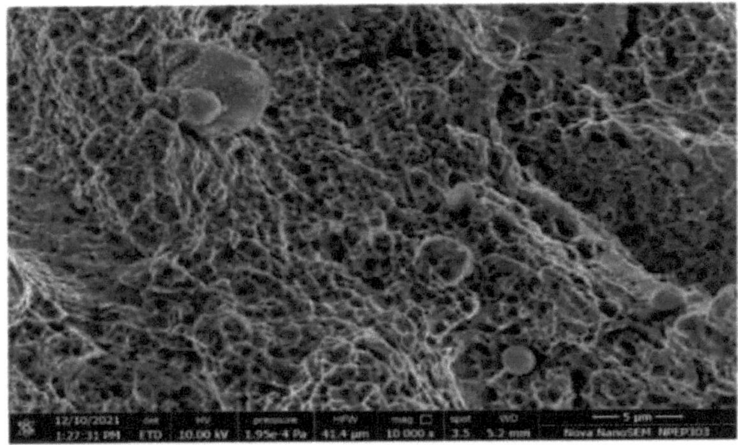

Figura 5.44 Superfície de fratura da IN718 sob a exp. n.º 8

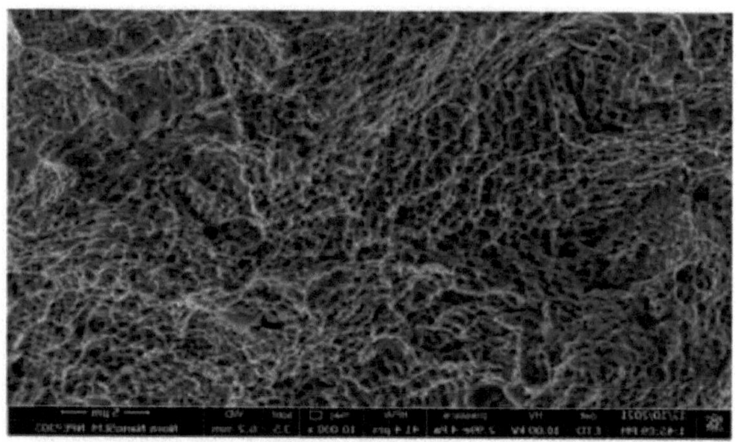

Figura 5.45 Superfície de fratura da IN718 sob a exp. n.º 9

As Figuras 5.44 e 5.45 mostram as superfícies de fratura das amostras de IN718 após o ensaio de tração das experiências número 8 e 9, respetivamente. Na experiência número 8, foram observados arranjos sistemáticos de grãos com algum pó não fundido presente. No entanto, na experiência número 9, foi observada uma rede celular sistemática, com um mínimo de vazios e uma quantidade insignificante de pó não fundido.

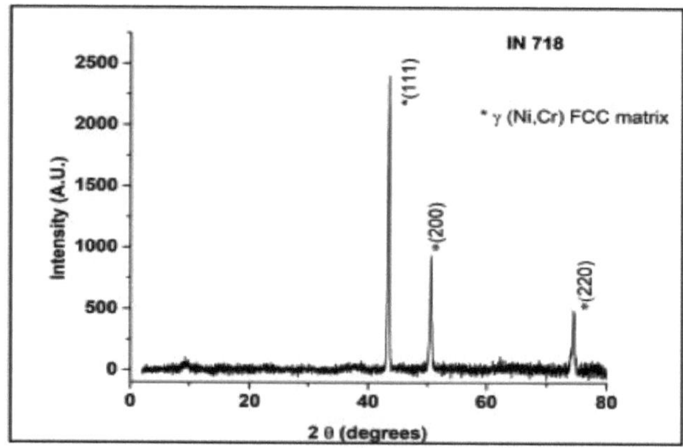

Figura 5.46 Análise XRD de um IN718

A Figura 5.46 ilustra o espetro de XRD do pó IN718 utilizado na camada de interface, mostrando uma dominância do plano (111), que se alinha com a solução sólida austenítica na matriz Ni-Cr. A análise foi efectuada utilizando a ferramenta "ULTIMA IV". Além disso, a investigação de espécimes fracturados das experiências 7 e 9 revelou conhecimentos críticos. O processo de solidificação sem equilíbrio da experiência 7 levou a tamanhos de partículas extremamente pequenos, revelando defeitos como porosidade e partículas de pó parcialmente fundidas. Estes defeitos, incluindo os microporos, são potenciais iniciadores de fissuras, concentrando a tensão e acelerando a propagação da fratura durante os ensaios de tração. O espécime fracturado da Experiência 9 apresentou características dúcteis com covinhas na superfície da fratura. Adicionalmente, foi efectuada uma análise EDS ao IN718.

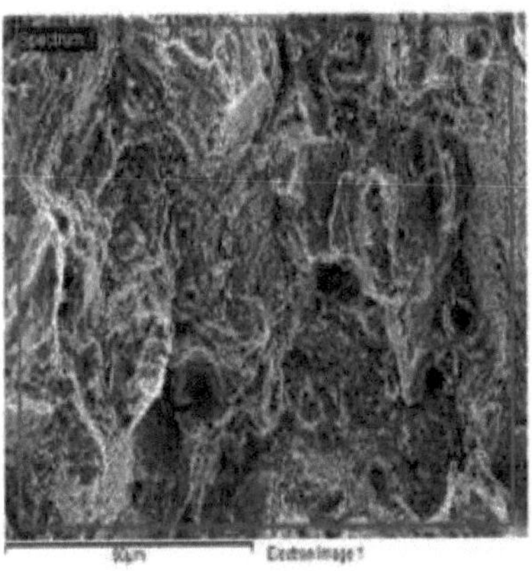

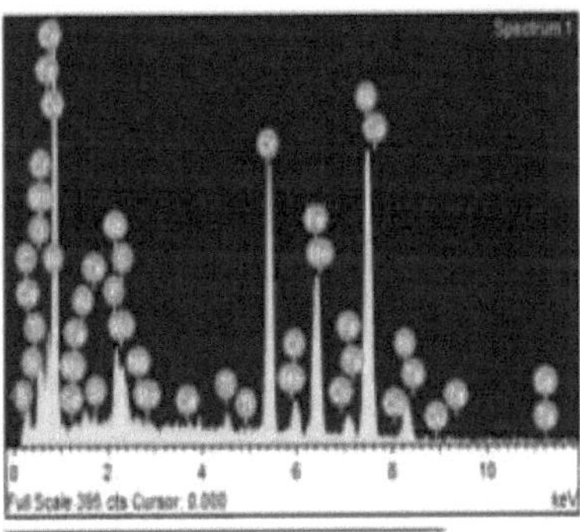

Figura 5.47 Análise EDS de IN718

5.27 Simulação de IN718

A Figura 5.48 e a Figura 5.49 mostram um modelo CAD 3D relacionado com a simulação do provete de tração. Utilizando o software Simufact

Additive (SA), o modelo foi importado para criar os elementos necessários, como a malha, os suportes e os atributos do material. Através de modificações nos parâmetros do processo, as simulações foram observadas e o modelo resultante validou os resultados experimentais. Os resultados de ambas as experiências e simulações demonstraram uma semelhança notável,
afirmando a exatidão do modelo simulado na reprodução dos resultados do mundo real.

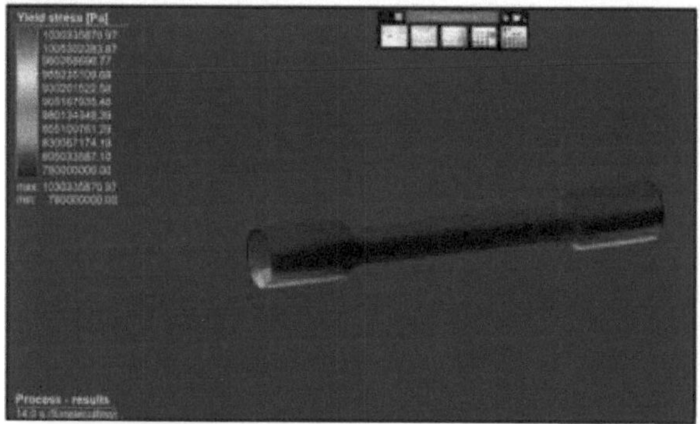

Figura 5.48 Resultado da simulação a 375 W

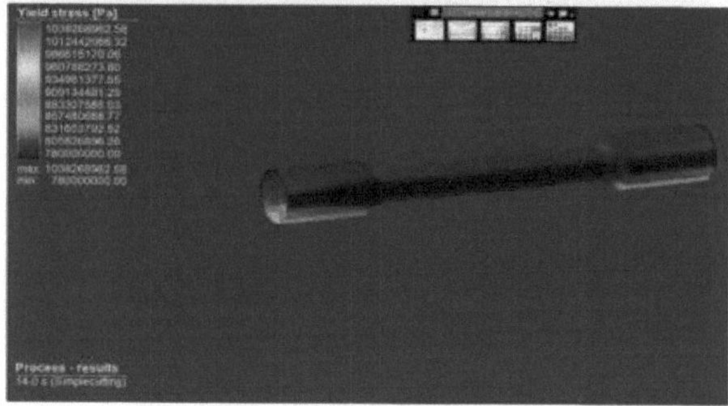

Figura 5.49 Resultado da simulação após a otimização

Conclusão

A investigação das propriedades mecânicas da liga de alumínio AlSilOMg, da liga de aço inoxidável SS316L e da liga de níquel IN718, fabricadas por fusão selectiva a laser, produziu resultados satisfatórios. O estudo centrou-se no impacto dos parâmetros do processo na microestrutura e no comportamento mecânico destas ligas. Foram retiradas várias conclusões importantes desta investigação:

- Os processos de fusão selectiva a laser utilizados nas experiências demonstraram propriedades mecânicas satisfatórias.
- A qualidade dos componentes finais é significativamente influenciada pelos parâmetros do processo, tais como a potência do laser, a potência da margem, o espaçamento das hachuras e o tempo de exposição.
- As medidas de desempenho, incluindo a densidade, o ensaio de tração e o ensaio de dureza da rugosidade da superfície, foram consideradas para a investigação.
- O projeto de experiências e a análise de Taguchi foram utilizados para estabelecer correlações entre os parâmetros do processo e as medidas de desempenho.
- Foi utilizado um algoritmo de otimização multi-objetivo Grasshopper para otimizar simultaneamente a "Resistência à tração final" e a "Rugosidade da superfície", um desafio que não é viável apenas com o Design of the Experiment.
- O algoritmo de otimização Grasshopper forneceu com sucesso optimizações substanciais nos valores de resistência à tração final e rugosidade da superfície.
- A implementação experimental de parâmetros de processo optimizados resultou numa melhor concordância entre as duas medidas de desempenho, com pequenas variações possivelmente atribuídas à imprevisibilidade do processo.
- A fusão selectiva por laser é amplamente utilizada em aplicações industriais e de investigação.

Espera-se que a evolução da fusão selectiva por laser como nova tecnologia seja mais orientada para a indústria e para o mercado, ultrapassando as aplicações de protótipo. As perspectivas futuras são promissoras, em particular no fabrico de ferramentas e na engenharia mecânica.

Referências

1. Xinchang Zhang, Frank Liou, "Chapter 1 - Introduction to additive manufacturing", Handbooks in Advanced Manufacturing, Additive Manufacturing, Elsevier, 1-31,2021.

2. Osama Abdulhameed, Abdulrahman Al-Ahmari, Wadea Ameen e Syed HammadMian/Fabrico aditivo: Challenges, trends, and applications", Advances in MechanicalEngineering, Vol. 11(2) 127,2019.

3. Wai Yee Yeong& Chee Kai Chua (2013) A quality management framework forimplementing additive manufacturing of medical devices, Virtual and PhysicalPrototyping, 8:3, 193-199, DOI: 10.1080/17452759.2013.838053

4. N. Shahrubudin, T.C. Lee, R. Ramlan, "Uma visão geral da tecnologia de impressão 3D: tecnologia, materiais e aplicações", Procedia Manufacturing, Volume 35, 1286-1296,2019.

5. Shashi, G. M., Md Ashiqur Rahman Laskar, Hridoy Biswas e Aritra Kumar Saha. "Breve revisão do fabrico aditivo com aplicações". In Proceedings of 14th GlobalEngineering and Technology Conference. 2017.

6. M. Srinivas, B. Sridhar Babu, uma revisão crítica sobre metodologias de pesquisa recentes em fabricação aditiva, materiais hoje: Proceedings, Volume 4, Edição 8, 9049-9059,2017.

7. Ali Davoudinejad, Lucia C. Diaz-Perezb, DaniloQuagliottia, David BuePedersena, JoseA.Albajez-Garciab, Jose A. Yague-Fabrab, Guido Tosello, "Fabrico aditivo com o método de polimerizaçãovat para a produção de microcomponentes poliméricos de precisão",Procedia CIRP 75 , 98-102,2018.

8. J.P.M. Pragana , R.F.V. Sampaio, I.M.F. Bragan^a, C.M.A. Silva , P.A.F. Martins/Hybrid metal additive manufacturing: A state-of-the-art review, Advances in Industrialand Manufacturing Engineering 2 , 100032,2021.

9. Ali Davoudinejad, "Chapter 5 - Vat photopolymerization methods in additivemanufacturing, In Handbooks in Advanced Manufacturing, Additive Manufacturing,Elsevier, Pages 159-181, 2021,

10. Gibson, I., Rosen, D., Stucker, B., Khorasani, M., Sheet Lamination. In: Tecnologias de fabricação de aditivos. Springer, 2021.

11. TugrulOzel, AycaAltay,BilginKaftanoglu, Nicola

Senin,RichardLeach,M.AlkanDonmez "Focus Variation Measurement and Prediction of Surface Texture ParametersUsing Machine Learning in Laser Powder Bed Fusion", Journal of Manufacturing Scienceand Engineering 142(l):011008,2019.

12. Yee Ling Yap, Chengcheng Wang, Swee Leong Sing, VishweshDikshit, Wai Yee Yeongjun Wei, "Fabrico aditivo de jato de material: An experimental study using designedmetrological benchmarks", Precision Engineering, Volume 50, 275-285, 2017.

13. SaerehMirzababaei e SomayehPasebani "A Review on Binder Jet AdditiveManufacturing of 316L Stainless Steel", J. Manuf. Mater. Process., 3, 82,2019.

14. RasheedatModupeMahamood, Tien C. Jen, Stephen A. Akinlabi, Sunir Hassan, Kamar.O. Abdulrahman, Esther T. Akinlabi, Capítulo 6 - Papel da manufatura aditiva na era da Indústria 4.0, Em Woodhead Publishing Reviews: Série de Engenharia Mecânica,Fabricação de Aditivos, Woodhead Publishing, Páginas 107-126,2021.

15. MerumSireesha, Jeremy Lee, A. Sandeep Kranthi Kiran, VeluruJagadeeshBabu,Bernard B. T. Keee e Seeram Ramakrishna, "Uma revisão sobre a fabricação de aditivos e seu caminho para a indústria de petróleo e gás", RSC Advances 8 (40): 22460-22468,2018.

16. E. Chlebus, K. Gruber, B. Kuznicka, J. Kurzac, T. Kurzynowski, "Efeito do tratamento térmico na microestrutura e nas propriedades mecânicas do Inconel 718 processado por fusão seletiva de laser", Ciência e Engenharia de Materiais: A. Volume 639, 647- 655,2015.

17. RayappaShrinivasMahale, ShashankaRajendrachari , ShamanthVasanth, HemanthKrishna, NithinSomenahalliKapanigowda, SharathPeramenahalliChikkegowda,AdarshPatil, "Technology and Challenges in Additive Manufacturing of Duplex StainlessSteels" Biointerface Research in Applied Chemistry, Volume 12, Issue 1, 1110 - 1119,2022.

18. Zhang, Y, Wu, L., Guo, X. et al. Additive Manufacturing of Metallic Materials (Fabrico Aditivo de Materiais Metálicos): AReview. J. of MateriEng and Perform 27,1-13 (2018).

19. K.Satish Prakash, T.Nancharaih, V.V.Subba Rao, "Técnicas de fabrico

aditivo no fabrico - uma visão geral", Materials Today: Proceedings 5, 3873-3882, 2018.

20. Dirk Herzog, Vanessa Seyda, Eric Wycisk, Claus Emmelmann, "Additive manufacturingof metals", ActaMaterialia, 117 371-392, 2016.

21. Syed A.M. Tofail, Elias P. Koumoulos, Amit Bandyopadhyay, Susmita Bose, LisamO'Donoghue, Costas Charitidis, "Additive manufacturing: scientific and technologicalchallenges, market uptake and opportunities", Materials Today, Volume 21 ,number 1,2018.

22. Tuan D. Ngo, AlirezaKashani, Gabriele Imbalzano, Kate T.Q. Nguyen, David Hui /Fabricação aditiva (impressão 3D): Uma revisão de materiais, métodos, aplicações e desafios" Composites Part B ,143 172-196, 2018.

23. Amit Bandyopadhyay, Bryan Heer, "Additive manufacturing of multi-materialstructures", Materials Science & Engineering R 129 (2018) 1-16, 2018.

24. Y. Kok X.P. Tana, P.Wang , M.L.S. Nai , N.H. Lohb, Liua, S.B. Tor, "Anisotropia e heterogeneidade da microestrutura e propriedades mecânicas no fabrico de aditivos metálicos: Uma revisão crítica, Materials and Design, 139,565-586, 2018.

25. Yi Zhang, Linmin Wu, XingyeGuo, Stephen Kane, Yifan Deng, Yeon-Gil Jung, Je-HyunLee e Jing Zhang, "Fabrico Aditivo de Materiais Metálicos: A Review", Journalof Materials Engineering and Performance Volume 27(1), 2018.

26. T. DebRoy, H.L. Wei, J.S. Zuback, T. Mukherjee, J.W. Elmer, J.O. Milewski , A.M.Beese, A. WIlson-Heid, A. De, W. Zhang, "Additive manufacturing of metalliccomponents - Process, structure and properties", Progress in Materials Science, 92 112-224,2018.

27. W. J. Sarnes, F. A. List, S. Pannala, R. R. Dehoff& S. S. Babu, "The metallurgy andprocessing science of metal additive manufacturing", International Materials Reviews,Volume 61, Issue 5 2016.

28. Leila Ladani e Maryam Sadeghilaridjani, "Review of Powder Bed Fusion AdditiveManufacturing for Metals", Manufacturing for Metals. Metals, 11, 1391, 2021.

29. L. Dowling, J. Kennedy, S. O'Shaughnessy, D. Trimble, "A review of critical repeatabilityand reproducibility issues in powder bed fusion" ,

Materials and Design 186 -108346,2020.
30. Silvia Vock, BurghardtKloden, Alexander Kirchner,ThomasWeiBgarber, BerndKieback, "Powders for powder bed fusion: a review", Progress in Additive Manufacturing, 4:383397,2019.
31. ShubhavardhanRamadurgaNarasimharaju, Wenhan Zeng, Tian Long See, ZichengZhu,Paul Scott, Xiangqian Jiang (Jane), Shan Lou, "A comprehensive review on laser powderbed fusion of steels: Processamento, microestrutura, defeitos e controlo methods,mechanicalproperties, current challenges and future trends", Journal of Manufacturingprocesses 75 -375-414,2022.
32. C. Y. Yap, C. K. Chua, Z. L. Dong, Z. H. Liu, D. Q. Zhang, L. E. Loh e S. L. Sing / Revisão da fusão seletiva a laser: Materiais e aplicações, Applied Physics Reviews2, 041101, 2015.
33. BalasubramanianNagarajan, Zhiheng Hu, Xu Song, Wei Zhai, Jun Wei, "Developmentof Micro Selective Laser Melting: The State of the Art and Future Perspectives",Engineering 5 702-720, (2019).
34. Konda GokuldossPrashanth, "Selective Laser Melting: Materiais e aplicações", Journal of Manufacturing. Material Process 4, 13;2020.
35. Erhard Brand, Ulrike Heckenberger , Vitus Holzinger , Damien Buchbinder, "Amostras de AlSilOMg fabricadas por aditivos utilizando a fusão selectiva por laser (SELECTIVE LASERMELTING,): Microstructure, high cycle fatigue, and fracture behaviour", Materials andDesign, 34 ,159-169, 2012.
36. Xihe Liu, Congcong Zhao, Xin Zhou, Zhijian Shen, Wei Liu, "Microestrutura da liga de AlSilOMg fundida seletivamente a laser", Materials and Design 168,107677,2019.
37. Jing Li, Xu Cheng, Zhuo Li, Xiao Zong, Xiao-Hui Chen, Shu-Quan Zhang, Hua-MingWang, "Microestruturas e propriedades mecânicas da liga Al5Si-lCu-Mg fabricada com aditivo a laser com diferentes espessuras de camada", Journal of Alloys and Compounds 78915-24, 2019.
38. Nesma T. Aboulkhair, Nicola M. Everitt, Ian Ashcroft, Chris Tuck, "Reducing porosityin AlSilOMg parts processed by selective laser melting, Additive Manufacturing,Volumes 1-4, 77-86, 2014.
39. Zhichao Dong, Xiaoyu Zhang, Wenhua Shi, Hao Zhou, Hongshuai Lei,

and Jun Liang/Study of Size Effect on Microstructure and Mechanical Properties of AlSilOMg SamplesMade by Selective Laser Melting", Materials, 11(12), 2463, 2018.

Printed by Books on Demand GmbH, Norderstedt / Germany